环保公益性行业科研专项经费项目系列丛书

我国臭氧污染态势与控制途径研究

王淑兰 徐晓斌 牟玉静 张美根 孟晓艳 等 / 著

中国环境出版集团·北京

图书在版编目（CIP）数据

我国臭氧污染态势与控制途径研究 / 王淑兰等著. --
北京：中国环境出版集团，2022.12
　　ISBN 978-7-5111-5228-2

　　Ⅰ．①我… Ⅱ．①王… Ⅲ．①臭氧－空气污染－污染
防治－研究－中国 Ⅳ．①X511

中国国家版本馆CIP数据核字（2023）第 013517 号

责任编辑　葛　莉
封面设计　彭　杉

出版发行　**中国环境出版集团**
　　　　　（100062　北京市东城区广渠门内大街 16 号）
　　　　　网　　址：http://www.cesp.com.cn
　　　　　电子邮箱：bjgl@cesp.com.cn
　　　　　联系电话：010-67112765（编辑管理部）
　　　　　发行热线：010-67125803，010-67113405（传真）
印　刷　北京中科印刷有限公司
经　销　各地新华书店
版　次　2022 年 12 月第 1 版
印　次　2022 年 12 月第 1 次印刷
开　本　787×1092　1/16
印　张　9
字　数　181 千字
定　价　78.00 元

中国环境出版集团郑重承诺：
中国环境出版集团合作的印刷单位、材料单位均具有中国环境标志产品认证。

丛书编著委员会

顾　问：黄润秋

组　长：邹首民

副组长：王开宇

成　员：禹　军　陈　胜　刘海波

序　言

目前，全球性和区域性环境问题不断加剧，已经成为限制各国经济社会发展的主要因素，解决环境问题的需求十分迫切。环境问题也是我国经济社会发展面临的困难之一，特别是在我国快速工业化、城镇化的进程中，这个问题变得更加突出。党中央、国务院高度重视环境保护工作，积极推动我国生态文明建设进程。党的十八大以来，按照"五位一体"总体布局、"四个全面"战略布局以及"五大发展"理念，党中央、国务院把生态文明建设和环境保护摆在更加重要的战略地位，先后修订或出台了《中华人民共和国环境保护法》《中共中央　国务院关于加快推进生态文明建设的意见》《生态文明体制改革总体方案》《大气污染防治行动计划》《水污染防治行动计划》《土壤污染防治行动计划》等一批法律法规和政策文件，我国环境治理力度前所未有，环境保护工作和生态文明建设的进程明显加快，环境质量有所改善。

在党中央、国务院的坚强领导下，环境问题全社会共治的局面正在逐步形成，环境管理正在走向系统化、科学化、法治化、精细化和信息化。科技是解决环境问题的利器，科技创新和科技进步是提升环境管理系统化、科学化、法治化、精细化和信息化的基础，必须加快建立持续改善环境质量的科技支撑体系，加快建立科学有效防控人群健康和环境风险的科技基础体系，建立开拓进取、充满活力的环保科技创新体系。

"十一五"以来，中央财政加大对环保科技的投入，先后启动实施"水体污染控制与治理科技重大专项""清洁空气研究计划""蓝天科技工程"等专项，同时设立了环保公益性行业科研专项。根据财政部、科技部的总体部署，环保公益性行业科研专项紧密围绕《国家中长期科学和技术发展规划纲要（2006—2020 年）》《国家创新驱动发展战略纲要》《国家科技创新规划》和《国家环境保护科技发展规划》，立足环境管理中的科技需求，积极开展应急性、培育性、基础性科学研究。"十一五"以来，环境保护部组织实施了环保公益性行业科研专项项目 479 项，涉及大气、水、生态、土壤、固体废物、化学品、核与辐射等领域，共有包括中央级科研院所、高等院校、地方环保科研单位和企业等几百家单位参与，逐步形成了优势互补、团结协作、良性竞争、共同发展的环保科技"统一战线"。目前，专项取得了重要研究成果，已验收的项目中，共提交各类标准、技术规范 997 项，各类政策建议与咨询报告 535 项，授权专利 519 项，出版专著 300 余部，专项研究成果在各级生态环境部门中得到较好的应用，为解决我国环境问题和提升环境管理水平提供了重要的科技支撑。

为广泛共享环保公益性行业科研专项项目研究成果，及时总结项目组织管理经验，原环境保护部科技标准司组织出版环保公益性行业科研专项经费项目系列丛书。该丛书汇集了一批专项研究的代表性成果，具有较强的学术性和实用性，是环境领域不可多得的资料文献。丛书的组织出版，在科技管理上也是一次很好的尝试，我们希望通过这一尝试，能够进一步活跃环保科技的学术氛围，促进科技成果的转化与应用，不断提高环境治理能力现代化水平，为持续改善我国环境质量提供强有力的科技支撑。

中华人民共和国生态环境部部长

黄润秋

　　臭氧（O_3）是大气中的重要微量成分，主要集中在 $10\sim30$ km 的平流层，而对流层中的 O_3 仅占 10%左右。大气 O_3 污染是指近地面 O_3 浓度的超标问题，主要是近地面人为活动排放的大气污染物在对流层大气发生光化学反应造成的。O_3 可以在自由对流层大气中存在很长时间并输送很远的距离甚至跨过海洋，这使 O_3 污染通常表现为区域性污染特征，也并不局限于边界层。因此，对流层 O_3 污染不仅出现在城市地区，也会出现在偏远或清洁地区，相对于城市 O_3 污染水平还存在全球背景值和区域背景值的概念。地面 O_3 浓度较高时，可对人群健康、生态系统造成不利影响，另外可对小麦、水稻、玉米等农作物的产量造成显著影响。

　　随着国民经济的快速增长和城市化进程的加快，我国以细颗粒物（$PM_{2.5}$）和 O_3 为特征的大气污染问题形势严峻。近年来，通过实施《大气污染防治行动计划》《打赢蓝天保卫战三年行动计划》等，我国空气质量改善明显，$PM_{2.5}$ 浓度显著降低，重点区域 $PM_{2.5}$ 浓度和重污染天数大幅减少，但 O_3 浓度呈逐渐上升趋势，已成为影响优良天数的重要因素。当前的大气污染形势凸显了我国 $PM_{2.5}$ 和 O_3 污染协同控制的重要性和紧迫性，也对大气污染防治科技支撑提出了更高的要求。由于 O_3 污染特征、生成机理及控制途径的复杂性，对 O_3 的系统研究尤为重要。

　　本书在分析我国大气 O_3 污染特征及演变态势的基础上，通过现场观测、烟雾箱模拟及空气质量模型模拟，系统分析了 O_3 前体物污染特征及敏感性特征，总结了我国部分地区在大气 O_3 污染防治实践探索以及国际大气 O_3 污染防治的成功经验，识别了我国大气 O_3 污染防治的难点与存在的问题，结合污染控制情景设计及效果评估，提出了我国大气 O_3 污染防治思路与对策建议。

　　本书第 1 章主要由徐晓斌、林伟立、徐婉筠、马志强、马千里、于大江等撰写；第 2 章主要由张霞、孟晓艳、魏征等撰写；第 3 章主要由徐晓斌、牟玉静、林伟立、张根、王瑛、程红兵，张圆圆、张成龙、刘鹏飞、刘成堂等撰写；第 4 章主要由牟玉静、张美根、张圆圆、张成龙、刘鹏飞、刘成堂等撰写；第 5 章主要由张敬巧、胡君、吴亚君、王涵、李慧等撰写；第 6 章主要由王涵、卫雅琦、刘铮、曹婷、朱瑶、吕海洋等撰写。王淑兰负责全书的统筹工作。在相关研究和本书编写工作中，韩霄、汤洁、黄建青、于晓岚、徐敬、印丽媛、周莉、王蕊、宫艺姝、彭伟、张鹤丰等人做了大量的工作，在此一并感谢！同时，感谢出版社的领导和编辑在本书出版过程中付出的辛勤努力。

　　本书在编写过程中，虽力求反映研究取得的新成果和新方法，但由于 O_3 污染的复杂性与不确定性及编者水平所限，加上时间紧迫，书中难免存在不妥和错误之处，欢迎广大读者批评指正。

著　者
2022 年 10 月

目 录

第 1 章

我国大气 O_3 背景浓度变化趋势

大气中的反应性气体通常有臭氧（O_3）、一氧化碳（CO）、二氧化硫（SO_2）、氮氧化物（NO_x）和挥发性有机物（VOCs）等。在对流层大气中，O_3 既是一种污染物也是一种温室气体，因此 O_3 浓度及其变化与人体健康、植物生长和气候变化密切相关。[1] O_3 作为一种二次污染物，其浓度水平在很大程度上受其前体物 NO_x、VOCs 和 CO 等排放的影响。此外，O_3 浓度在很大程度上也受气象、气候条件和地形等因素的影响，因此研究大气 O_3 浓度变化趋势意义重大并具有挑战性。

对观测站点实测数据的分析是掌握地面 O_3 浓度时空变化趋势规律的重要手段。常规环境监测站点主要集中在城市地区，局部地区排放对其影响显著，而 O_3 浓度更多地受区域和全球输送的影响。此外，环境监测系统中 O_3 观测资料时间尚不够长，难以给出可靠的 O_3 浓度长期变化信息。来自气象系统的大气本底站点具有较好的空间代表性，也积累了较长时间的高质量 O_3 浓度观测资料，在认识 O_3 时空分布方面对环境监测网络可起到重要的补充作用。本书首次将环境和气象两个系统的 O_3 浓度监测资料进行综合分析，以期更全面地掌握我国 O_3 浓度污染态势。本章旨在通过分析不同区域的 O_3 浓度长期观测资料，揭示我国城市 O_3 浓度所处的全球和区域背景现状及其长期变化特征。

1.1 我国大气 O_3 背景浓度观测方法

1.1.1 O_3 浓度长期观测站点分布

本节分析所使用的长期观测数据主要来自中国气象局的大气本底站以及中国气象科学研究院设立的超大城市观测站和农村观测站。本底站点都是在严格的选址及科学评估和论证的基础上建立的，其所代表的空间尺度远大于一般的城市和乡村站点。

截至 2016 年 12 月，我国内地气象部门共有 8 个 O_3 浓度长期观测站有较长观测记录，其中瓦里关站（WLG）、上甸子站（SDZ）、临安站（LA）、龙凤山站（LFS）、香格里拉站（XGLL）和阿克达拉站（AKDL）为我国的大气本底观测站，中国气象局站[*]（CMA）和固城站（GCH）为中国气象科学研究院长期科研站。瓦里关站的观测从 1994 年 8 月开始，距今已 30 年，是我国内地最早开始进行地面 O_3 浓度长期观测的站点，同时作为欧亚大陆内陆地区的全球大气本底站，观测资料总体可代表北半球中纬度，尤其是欧亚大陆中部地区的情况；上甸子站、临安站和龙凤山站地处我国东部地区，从地理位置和主导气流来讲，可分别代表华北平原、长江三角洲和东北平原地区的污染状况；香格里拉站和阿克达拉站受我国西南和新疆北部区域的影响，也受到来自两站周边境外输送的影响。中国气象局站和固城站地处我国最大污染区域华北平原北部，可分别代表该区域超大城市和农村地区的污染水平。O_3 浓度长期观测站信息见表 1-1。

表 1-1　O_3 浓度长期观测站信息

观测站	代码	分类	观测开始时间
瓦里关站	WLG	全球本底	1994 年 8 月
上甸子站	SDZ	区域本底	2003 年 9 月
临安站	LA	区域本底	2005 年 7 月
龙凤山站	LFS	区域本底	2005 年 7 月
香格里拉站	XGLL	区域本底	2007 年 12 月
阿克达拉站	AKDL	区域本底	2009 年 11 月
固城站	GCH	华北农村	2006 年 7 月
中国气象局站	CMA	华北城市	2007 年 11 月

1.1.2　观测及校准仪器

各站地面 O_3 浓度观测均使用紫外光度原理的 O_3 浓度分析仪。瓦里关站 O_3 浓度测量采用双 O_3 浓度分析仪平行测量的方案，2011 年 5 月之前 2 台仪器均为美国热电公司（Thermo Electron Corporation）的 TE49 型 O_3 浓度分析仪，此后其中 1 台更换为 TE49i 型 O_3 浓度分析仪。上甸子站、临安站、中国气象局站和固城站的 O_3 浓度观测均采用单台 TE49C 型 O_3 浓度分析仪。龙凤山站、香格里拉站和阿克达拉站的 O_3 浓度观测均采用单台 Ecotech 公司生产的 EC9830T 型 O_3 浓度分析仪。

各站 O_3 浓度分析仪及相关设备型号等信息见表 1-2。瓦里关站的 2 台 O_3 浓度分析仪采用在单双日交替执行零检查（通零气 45 min）的方式检查零点漂移，其他站均为每天执

---

[*] 中国气象局站设在中国气象局大院内。

行零检查。瓦里关站的 O_3 浓度标定仪安装在站上，可根据需要随时执行多点标定，至少每 3 个月标定一次。其他站的标定为巡回方式，一般每 3～6 个月标定一次。为了确保观测资料的国际可比性，各站地面 O_3 浓度标定仪和分析仪均通过量值传递方式溯源到相关国际标准。该量值传递由世界气象组织（WMO）设在瑞士联邦材料科学与技术研究所（EMPA）的标校中心提供。1994 年、1995 年、2000 年、2004 年和 2009 年，EMPA 专家携带标准参考光度计（SRP）到瓦里关站进行了现场标校，现场 O_3 浓度标定仪满足校准曲线中斜率、截距及相关性的要求。2009 年，EMPA 专家对用于其他站 O_3 浓度分析仪标定的、保存在中国气象局大气化学重点开放实验室的 TE49C-PS 臭氧校准仪进行了标校，同样满足校准曲线中斜率、截距及相关性的要求。

表 1-2　各站 O_3 浓度分析仪及相关设备型号等信息

观测站	分析仪	标定设备	稀释配气	多点标定频率
瓦里关站	TE49/TE49i[*]	TE49-PS	TE146	3 个月
上甸子站	TE49C	TE49C-PS	TE146	3～6 个月
临安站	TE49C	TE49C-PS	TE146	3～6 个月
龙凤山站	EC9830T	TE49C-PS	EC1100	3～6 个月
香格里拉站	EC9830T	TE49C-PS	EC1100	3～6 个月
阿克达拉站	EC9830T	TE49C-PS	EC1100	3～6 个月
固城站	TE49C	TE49C-PS	TE146	3～6 个月
中国气象局站	TE49C	TE49C-PS	TE146	3～6 个月

* 2 台分析仪（TE49）平行观测。2011 年 5 月，其中 1 台更换为 TE49i。

地面 O_3 浓度观测的详细信息参照气象行业标准《地面臭氧观测规范》（QX/T 71—2007）。各站 O_3 浓度数据记录为每 5 min 或每 1 min 频率。数据在进行质量检查和必要的订正后，如有 75% 的有效数据，则计算相应的 1 h 平均值。本书所有分析均基于小时平均值进行。本书中无论是年平均值还是季节平均值的趋势分析均采用线性回归方法。本次对瓦里关站 20 年地面 O_3 浓度资料分别采用线性回归和 Mann-Kendall 趋势分析，未发现显著差异。在瓦里关站的长期资料分析中还采用了 Hilbert-Huang 变换（HHT）分析方法对不同时间尺度的周期变化进行了解析。

1.2　我国全球大气本底站 O_3 浓度变化趋势特征

我国唯一的全球大气本底站瓦里关站自 1994 年 8 月开始地面 O_3 浓度观测，截至 2015 年年底观测时间跨度已 21 年。长时间序列的 O_3 观测数据为认识我国中纬度地区 O_3 浓度变化大背景及其影响因素提供了很好的基础资料。本节通过对该站 1995—2015 年地面 O_3 资料进行逐年统计和归纳，详细分析 O_3 浓度的年度、季节及日变化趋势特征。

1.2.1　瓦里关站 O₃ 浓度年度变化趋势特征

对瓦里关站 1995—2015 年地面 O_3 浓度资料进行逐年统计和归纳分析，获取地面 O_3 浓度的年平均值、年中位值，以及 5 百分位、25 百分位、75 百分位和 95 百分位值（图 1-1），分析发现瓦里关站 O_3 浓度统计值年际差异不大，但存在一定波动，具有总体抬升的特征，1995—2015 年，瓦里关站 O_3 浓度平均值的抬升趋势为 0.20 ppb*/a（R^2=0.59）。此外，1995—2015 年，瓦里关站 O_3 浓度的频率分布也发生了一些显著的变化。较低 O_3 浓度段（30～40 ppb）的出现频率明显减少；中高 O_3 浓度段（50～65 ppb）的出现频率有所增加；65 ppb 以上 O_3 浓度段的出现频率逐渐增多。

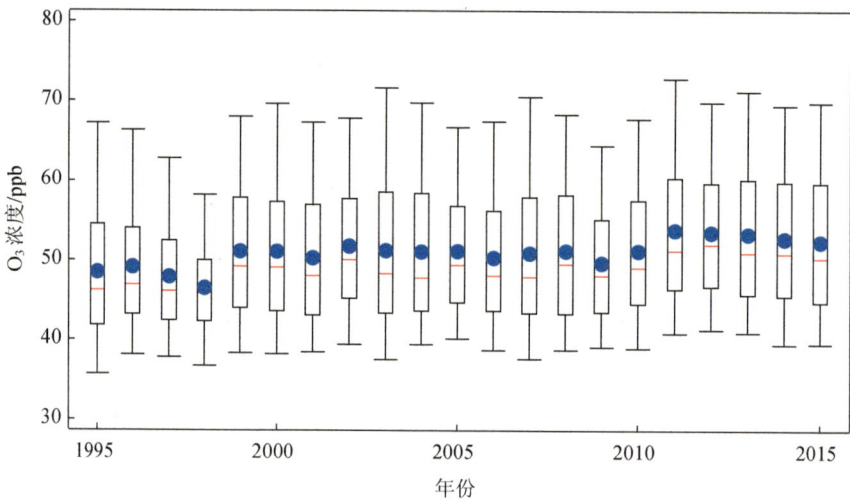

图 1-1　瓦里关站 O₃ 浓度年度变化趋势特征

1.2.2　瓦里关站 O₃ 浓度季节变化趋势特征

为了研究瓦里关站不同季节地面 O_3 浓度的长期变化趋势，将每年的数据按季节分开，并针对春、夏、秋、冬四个季节进行了线性趋势拟合。由图 1-2 可以看出，所有季节 O_3 浓度都存在一定的增长趋势，其中秋季的增长趋势最大（0.24 ppb/a），也最显著（R^2=0.62），而冬季的增长趋势最小（0.14 ppb/a）。

---

* 1 ppb=10^{-9}，1 ppm=10^{-6}，1 ppt=10^{-12}，全书同。

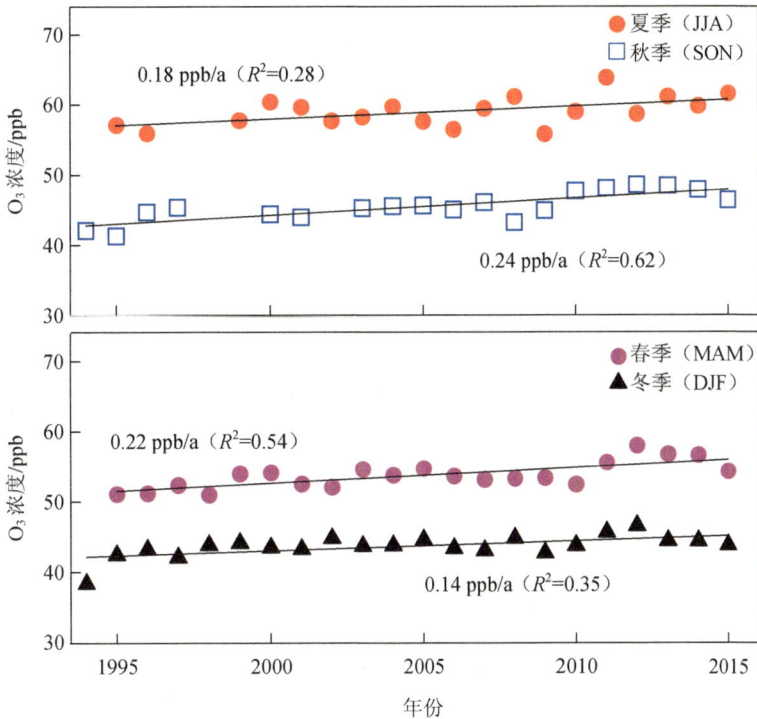

图 1-2　瓦里关站 O_3 浓度季节变化趋势特征

1.2.3　瓦里关站 O_3 浓度日变化趋势特征

考虑瓦里关站当地地形和气象特征及其引起不同气团输送的情况，有必要考察该站不同季节白天和夜间的 O_3 浓度变化问题。[2] 瓦里关站地面 O_3 浓度日最低值存在季节变化，夏季在正午左右，其他季节稍迟，冬季接近 15:00，这一季节变化与该站东风达到最大时间的季节变化非常接近，可见当地山谷风造成的气流变化与 O_3 浓度变化关系密切。为此，采用线性回归和 Mann-Kendall 两种方法取得了瓦里关站地面 O_3 浓度全年及各季节中全天、白天和夜间的长期变化趋势。两种方法得到的趋势值仅有微小差异。表 1-3 为 1994—2013 年瓦里关站全年及各季节中全天、白天和夜间的地面 O_3 浓度长期变化线性趋势。可以看出，针对多年统计结果而言，除夏季之外，所有的趋势值显著度均为 $p < 0.01$，全天 O_3 浓度最大的增长出现在秋季（0.28 ppb/a），其次是春季（0.24 ppb/a），冬季和夏季的增长趋势接近，仅约占秋季的 1/2，其中夏季趋势的显著度较低。由此可见，虽然瓦里关站 O_3 浓度总体升高，但是不同季节的趋势存在差异，其具体原因值得深入研究。

表 1-3　1994—2013 年瓦里关站全年及各季节中全天、白天和夜间的地面 O_3 浓度长期变化线性趋势

单位：ppb/a

数据范围	全年	春	夏	秋	冬
全天	0.25±0.17 (<0.01)	0.24±0.11 (<0.01)	0.15±0.19 (0.12)	0.28±0.11 (<0.01)	0.14±0.09 (<0.01)
白天	0.24±0.16 (<0.01)	0.24±0.11 (<0.01)	0.07±0.18 (0.41)	0.27±0.10 (<0.01)	0.15±0.09 (<0.01)
夜间	0.28±0.17 (<0.01)	0.24±0.12 (<0.01)	0.22±0.20 (0.04)	0.29±0.11 (<0.01)	0.13±0.10 (<0.01)

　　瓦里关站地面 O_3 浓度除了长期增长趋势，还存在多年周期性变化的现象，采用 HHT 分析方法对 1994—2013 年的长时间序列 O_3 浓度数据进行了分析。结果表明，瓦里关站地面 O_3 浓度除存在日、季节等高频变化外，还存在 3～4 年、7 年和准 10 年等长周期振荡，2000 年和 2010 年为增长最快的两个年份。如图 1-3 所示，月平均 O_3 浓度时间序列通过 HHT 变换被分解为高频变化、1 年周期的季节变化、3～4 年振荡、7 年振荡和准 10 年振荡等 5 个不同时间尺度的模态以及残留的增长趋势线，揭示了瓦里关站地面 O_3 浓度存在 1 年、2.5 年、3.5 年、7 年和 11 年的周期变化。

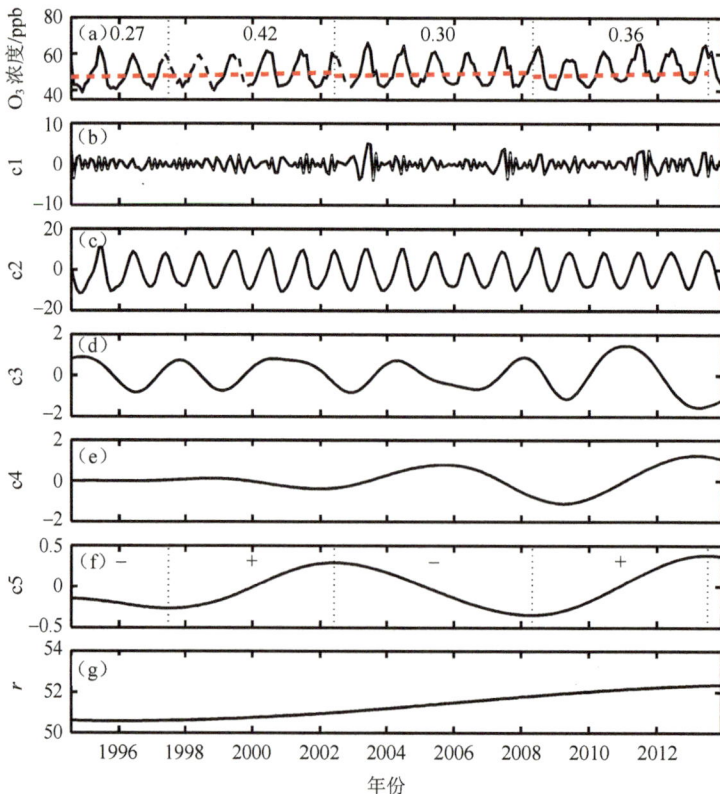

图 1-3　1994—2013 年瓦里关站月平均 O_3 浓度（a），Mann-Kendall 法得到的趋势线（红色虚线），通过 HHT 变换解析出的 5 个模态内在模态函数 c1～c5（b～f），以及 HHT 变换解析得到的残留趋势线（g）

1.2.4　瓦里关站 O_3 浓度变化原因

1.2.4.1　气流影响及其变化

为了研究造成瓦里关站地面 O_3 浓度的长期趋势以及周期变化的原因，分析了 1994—2013 年该站气团来源的气候学特征。此项分析采用潜在源贡献函数（PSCF）方法，主要关注不同季节与较高浓度（75 百分位以上）O_3 观测值关联的过去 7 d 边界层和自由对流层气团来源的 PSCF 分布。

1994—2013 年，各季节 PSCF 平均分布表明无论是边界层还是自由对流层，西北扇区是每个季节瓦里关站较高 O_3 浓度的主要来源地；春季东南方位四川省等地是瓦里关站高 O_3 浓度的主要源区；夏季虽然来自东部的气流最多，但是其对高 O_3 浓度的贡献较低，并未表现出偏东方向人为污染对 O_3 浓度高值的作用；秋季除了西北、北侧的气流，来自东-南扇区的气流对瓦里关站高 O_3 浓度也有所贡献；冬季除了西北扇区的气流，来自西南和北-东北扇区的部分边界层气流以及来自东北扇区的部分自由对流层气流对瓦里关站高 O_3 浓度有较大贡献。对高 O_3 浓度有显著影响的边界层气团主要局限于我国境内，少量来自蒙古国、俄罗斯和尼泊尔及西亚、印度地区，而自由对流层气团除了来自我国境内，还有相当多的来自西-北扇区的境外地区。

为了区分远、近距离气团对瓦里关站 O_3 浓度变化的影响，对 1995—2013 年每年不同季节分布在不同方位的 1 d 和 7 d 后向轨迹进行计算分析，结果表明，春季、夏季、秋季和冬季分布在东北-东南扇区的 7 d 后向轨迹分别占 20%、65%、31% 和 6%；1 d 后向轨迹占比与 7 d 后向轨迹情况有较大差异，春季、夏季、秋季和冬季分布在东北-东南扇区的 1 d 后向轨迹分别占 40%、76%、30% 和 15%。这说明一些来自西北方向的气团在到达瓦里关站前 1 d 内出现了转折，由西北等方向绕到了东北-东南等扇区。图 1-4 为每年春季、夏季、秋季和冬季来自西北扇区气团到达瓦里关站的最后 1 d 向东偏转、维持西北方向和向西偏转的频率变化。由图 1-4 可见，无论什么季节，越来越多的来自西北扇区的气团在到达瓦里关站前的最后 1 d 向东偏转，这种增长趋势在春季最大，各个季节都统计显著。维持西北方向的气团没有发生统计显著的变化趋势。除了夏季，由西北向西偏转的气团出现了显著的增长，秋季的增长率达到 0.79。一般来说，夏季由西北向东偏转的气流最多，而根据图 1-4 所示结果，维持西北方向和西北向西偏转的气流一般携带更高的 O_3 浓度，西北向东偏转气流则携带较低的 O_3 浓度，这可能是瓦里关站夏季 O_3 浓度增长趋势最弱且统计显著度最低的部分原因。

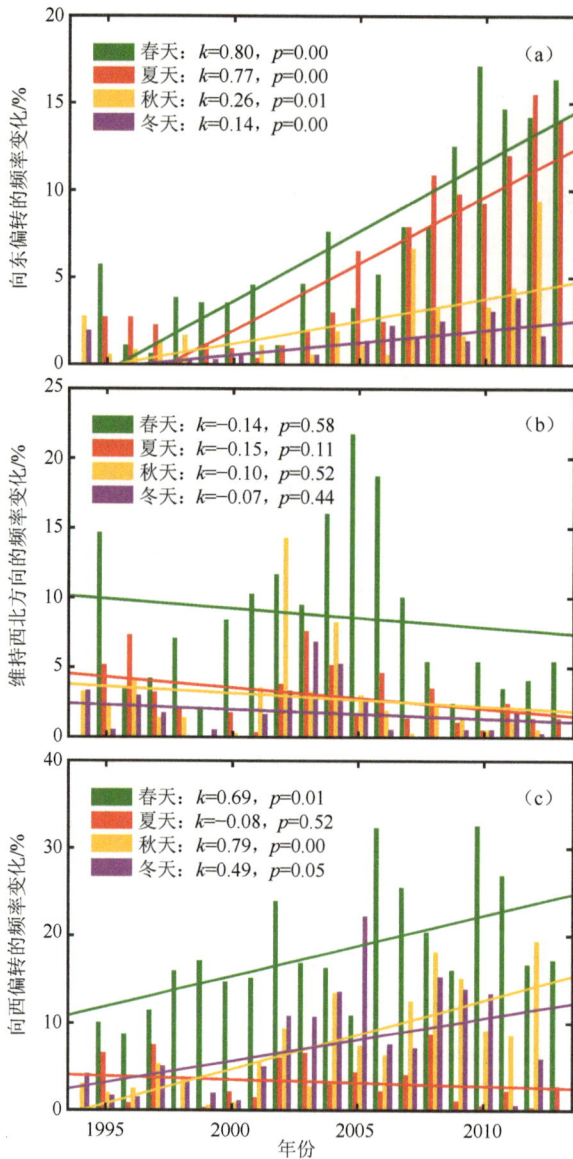

图 1-4　每年春季、夏季、秋季和冬季来自西北扇区气团到达瓦里关站的最后 1 d 向东偏转（a）、
维持西北方向（b）和向西偏转（c）的频率变化

1.2.4.2　对流层输送影响

作为欧亚大陆的高海拔全球本底站，瓦里关站受来自不同高度和方位气团的影响。过去近 30 年，不同来源气团有一些变化，不同网格点内 O_3 浓度也有所变化，然而，其综合效应对瓦里关站地面 O_3 浓度影响是不明确的。为此，将国际上通过 O_3 探空资料和轨迹制图取得的平流层和对流层 O_3 数据库的三维 O_3 浓度历史资料应用于地面 O_3 浓度的研究，探讨大尺度的对流层气团输送对瓦里关站地面 O_3 浓度的影响。结果表明，冬、春季 O_3 浓

度输送主要来自青藏高原西边界区域的气团，我国东部区域气团的影响较小；来自西北-东扇区（蒙古国、我国内蒙古自治区和中东部区域）的气团对夏季 O_3 浓度贡献较大；秋季的输送贡献主要来自我国中东部区域。

O_3 的直接输送对瓦里关站 1994—2013 年不同季节 O_3 浓度趋势的贡献表明，春季 O_3 浓度增长主要受来自西北-北扇区的气团输送变化的影响，而来自西部气团输送的变化则导致 O_3 浓度下降；夏季和冬季 O_3 浓度增长有影响的气团来自中亚和东欧区域，但增长率较小；秋季 O_3 浓度增长贡献显著且较大（>0.5 ppb/a）的气团主要来自我国中东部区域，来自西-北扇区气团也有较小但显著的增长促进作用。对流层 O_3 输送对瓦里关站地面 O_3 浓度趋势的贡献见表 1-4。可以看出，对流层 O_3 输送主要在秋季显著（$p<0.1$），瓦里关站地面 O_3 浓度变化趋势为（0.56±0.54）ppb/a，其他季节不显著（冬季、夏季）或显著度较低（春季）。

表 1-4 对流层 O_3 输送对瓦里关站地面 O_3 浓度趋势的贡献   单位：ppb/a

时段	全年	春季	夏季	秋季	冬季
趋势	0.28±0.30	0.27±0.30	0.16±1.11	0.56±0.54	0.01±0.32
显著性（p 值）	0.12	0.13	0.80	0.09	0.98

1.2.4.3 平流层 O_3 输送及污染排放影响

为了研究平流层向对流层输送（STT）对瓦里关站地面 O_3 浓度的影响，借助全球大气化学与气候模式（GFDL-AM3）开展了模拟研究，并与观测结果进行比对。图 1-5 为 1980—2014 年瓦里关站所在格点的 GFDL-AM3 模拟结果及其与 1994—2013 年 O_3 浓度观测结果对比。从图中给出的 O_3 总体浓度的模拟结果和观测结果的相关系数可以判断，除冬季之外，两者在 90% 置信度是正相关的。模拟的平流层示踪物只在春季与 O_3 浓度观测值变化存在较高的正相关关系，这种关系（$R^2=0.48$）可解释约 23% 的春季 O_3 浓度变化方差。由此可见，平流层向对流层输送的长期变化对瓦里关站地面 O_3 浓度的长期变化有影响，但这种影响主要体现在春季。

东亚及东南亚地区过去几十年的 O_3 浓度前体物排放发生了较大的变化，势必也会对我国全球本底站瓦里关站的 O_3 浓度长期变化产生影响。图 1-6 为 GFDL-AM3 模拟的总体 O_3 浓度（距平值和趋势）、较强东亚及东南亚区域输送影响下的 O_3 浓度和观测到的 O_3 浓度距平的季节平均值的比较以及 1994—2013 年线性趋势和 95% 置信度的误差范围。当采用模拟的示踪物一氧化碳大于 67 百分位时，对应的 O_3 浓度作为受东亚和东南亚输送影响的 O_3 浓度（EACOt）。可以看出，模拟的受东亚及东南亚输送影响的 O_3 浓度在秋季的增长率为（0.38±0.11）ppb/a，而相应的总体 O_3 浓度增长率为（0.26±0.11）ppb/a，观测到的 O_3 浓度增长率为（0.28±0.12）ppb/a。夏季也存在类似趋势差异，但是春季没有显现受东亚及东南亚输送影响的 O_3 浓度趋势与总体 O_3 浓度趋势间的明显差异。这从另一方面说明了平流层向下输送对春季 O_3 浓度增长趋势的贡献比东亚及东南亚的污染输送影响大。

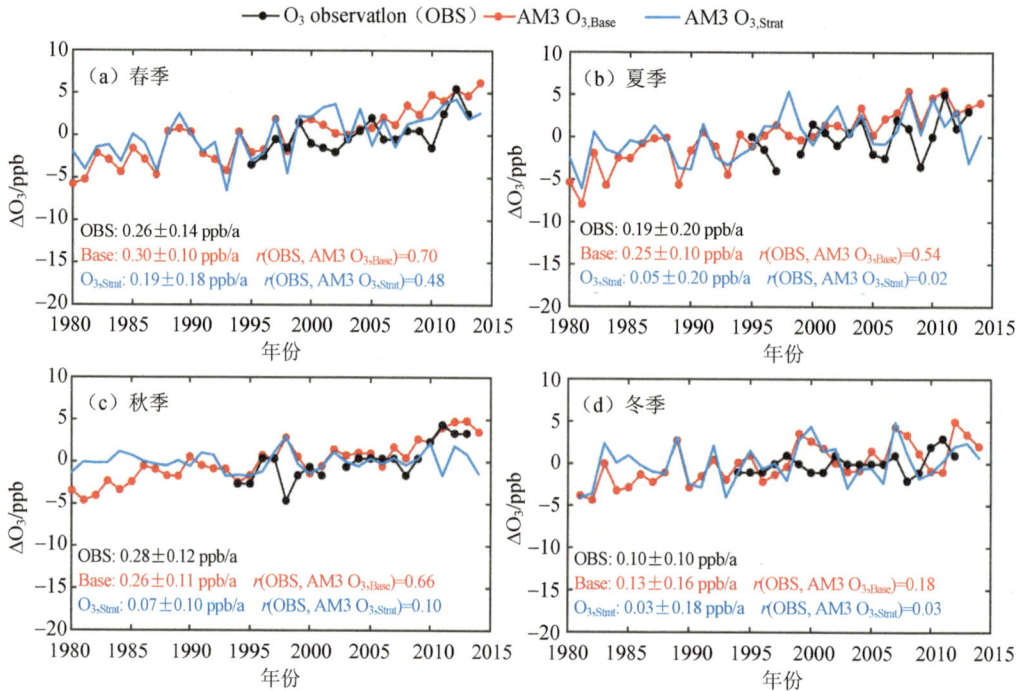

图 1-5   1980—2014 年瓦里关站所在格点的 GFDL-AM3 模拟结果及其与 1994—2013 年 O₃ 浓度
观测结果对比

注：O₃ observation 是观测到的 O₃ 浓度距平值，AM3 O₃,Base 是 GFDL-AM3 基准模拟的 O₃ 浓度距平值，AM3 O₃,Strat 是
GFDL-AM3 模型中考虑平流层影响变化的 O₃ 浓度模拟值的距平值。

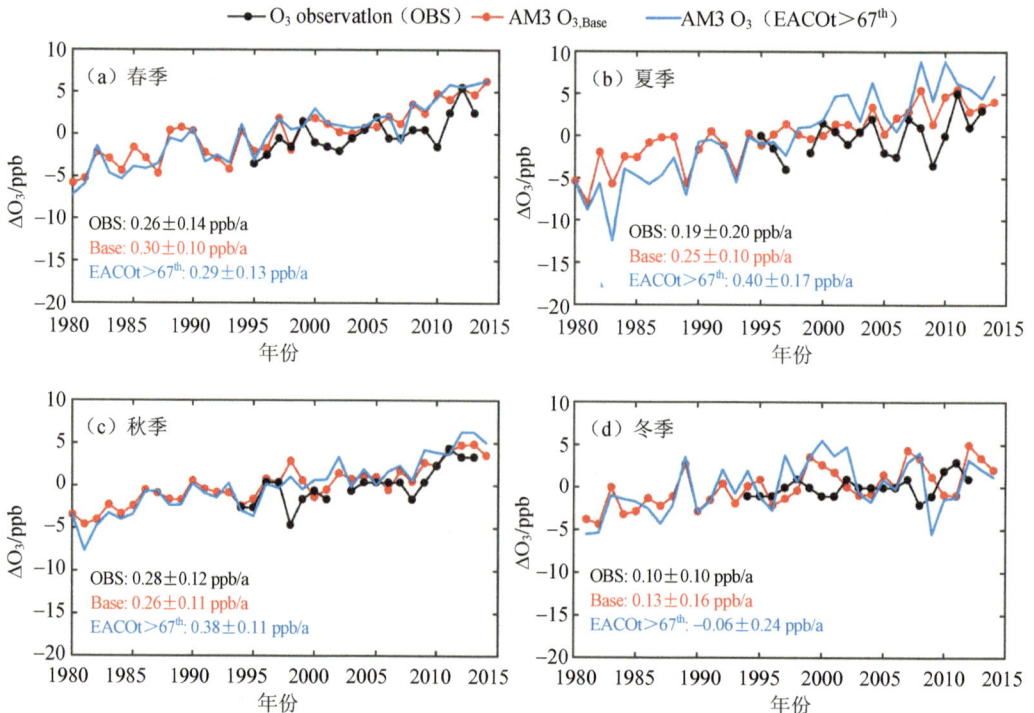

图 1-6   GFDL-AM3 模拟的总体 O₃ 浓度，较强东亚及东南亚区域输送影响下的 O₃ 浓度和观测到的
O₃ 浓度距平的季节平均值比较以及 1994—2013 年线性趋势和 95% 置信度的误差范围

当气象和排放同时变化时，模拟的东南亚、南亚等区域的 O_3 浓度趋势接近 1 ppb/a，而在排放恒定的情况下，30°N 以南的东南亚及南亚等区域的 O_3 浓度趋势不再显著，但是春季从西伯利亚地区到我国东北部再到太平洋副热带地区的 O_3 浓度增长趋势仍然有约 0.2 ppb/a。这一结果进一步支持了关于 STT 对春季 O_3 浓度增长的重要影响，STT 和人为排放分别贡献了约 2/3 和 1/3 的春季 O_3 浓度趋势。当固定人为排放时，模拟出的瓦里关站及周边秋季 O_3 浓度变化趋势几乎为 0，而不是气象和排放都变化时的显著增长趋势。由此可见，秋季瓦里关站地面 O_3 浓度趋势基本上是周边人为排放的污染输送造成的。进一步研究表明，污染输送影响可能主要来自瓦里关站以南的我国南部地区、东南亚乃至南亚区域。

根据 GFDL-AM3 模拟结果，春季 STT 过程对瓦里关站地面 O_3 浓度贡献显著且 STT 影响存在较大的年际波动。1999 年和 2012 年 STT 影响很强，同年春季 O_3 浓度相对也很高；1998 年和 2007 年情况相反。此外，不同年份春季副热带急流与瓦里关站的偏离程度略有不同。1999 年和 2012 年急流位置中心向北移，更接近瓦里关站上空，可能更有利于增强 STT 的条件。

以 2012 年 3 月 30 日的 STT 为例。当日我国东北及其以北的俄罗斯地区受低压系统控制，瓦里关站处于低压槽后部、高压脊前部。这样的气压场配置导致来自平流层的高位涡值气团向南输送，其中部分平流层气流向西弯曲到达瓦里关站上空。在此过程中，中纬度急流区扩展到北纬 33°，其北边是对流折所在位置，来自平流层的一支高 O_3 浓度气流下沉直至瓦里关站。由此可见，气压场与副热带高空急流的配合是 STT 影响瓦里关站 O_3 浓度的重要机制，而急流位置的年际变化则可造成 STT 影响程度的波动。我国境内副热带急流的移动与东亚夏季风关系密切，强夏季风年份 7—8 月的副热带急流向北移动，更加远离瓦里关站，弱夏季风年份 7—8 月的副热带急流向南移动，更加接近瓦里关站，这种急流位移导致夏季 STT 变化，从而影响 STT 对瓦里关站地面 O_3 浓度的贡献。模拟结果表明，弱季风年份 6 月、7 月和 8 月的 STT 对瓦里关站地面 O_3 浓度的贡献可分别增加 10%、19% 和 27%。

1.2.4.4　其他自然变化因子的影响

前面几小节分析表明，瓦里关站地面 O_3 浓度受多因子影响，其中一些因子主要对 O_3 浓度季节变化形成扰动，一些因子引起显著的年际差异，还有些因子造成长期增长趋势。除以上讨论的因素外，其他与气候相关的自然变化因子对瓦里关站地面 O_3 浓度长期变化也有影响。[3]例如，反映太阳常数强弱的太阳黑子数（SSN）与 HHT 解析出的准 11 点周期的 O_3 浓度分量存在显著（$p<0.01$）的正相关关系。体现赤道上空平流层不同高度风向风速变化的准两年振荡（QBO）指数与 HHT 解析出的 2.5 年周期分量有显著（$p<0.01$）的正相关关系。但是这些气候指标与瓦里关站地面 O_3 浓度波动的吻合程度存在部分年份强、部分年份弱的现象。为了更综合地体现不同时期各种影响因素对瓦里关站地面 O_3 浓

度的影响程度，我们建立了影响瓦里关站地面 O_3 浓度的多变量模型，并通过逐步回归方法确定显著影响 O_3 浓度的因素，取得了各回归系数。

我们通过对归一化的月均 O_3 浓度进行拟合，构建了多变量模型。该模型可表达为以下形式：

$$O_3 = \alpha(t) + \sum_{i=1}^{n} \beta_i(t) \cdot f_i(t) \qquad (1-1)$$

式中，$\alpha(t)$ 为三维调和函数，用于表述地面 O_3 浓度背景信号的变化：

$$\alpha(t) = a_0 + \sum_{j=1}^{3} a_{1,j} \cdot \cos\left[2\pi j(t-t_0)\right] + a_{2,j} \cdot \sin\left[2\pi j(t-t_0)\right] \qquad (1-2)$$

$\sum_{i=1}^{n} \beta_i(t) \cdot f_i(t)$ 为 n 个影响因子对 O_3 浓度的总贡献，其中 $\beta_i(t)$ 为一维调和函数，表达为

$$\beta_i(t) = b_{i,0} + b_{i,1} \cdot \cos\left[2\pi(t-t_0)\right] + b_{i,2} \cdot \sin\left[2\pi(t-t_0)\right] \qquad (1-3)$$

式中，系数 $b_{i,1}$ 和 $b_{i,2}$ 随着时间的变化对因子进行增强和衰减。由于数据的起始年份为 1994，时间 t 的计算方式为

$$t = 年份 + (月份 - 1)/12 - 1994 \qquad (1-4)$$

所有本书考虑过的可能影响瓦里关站地面 O_3 浓度的因子都参加了拟合，这些因子除上述 QBO 和 SSN 外，还有北大西洋涛动（NAO）指数、模拟的平流层 O_3 输送（$O_{3,Strat}$）、西北扇区气流轨迹频率[f(NW)]、东南扇区气流轨迹频率[f(SE)]和对流层 O_3 输送（$O_{3,trop}$）等。经过拟合计算得到瓦里关站地面 O_3 浓度多变量模型，拟合结果见表 1-5。

表 1-5　瓦里关站地面 O_3 浓度多变量模型拟合结果

因子	拟合系数						
	t_0						
t	1.003						
	a_0	$a_{1,1}$	$a_{2,1}$	$a_{1,2}$	$a_{2,2}$	$a_{1,3}$	$a_{2,3}$
背景值	0.190	−0.250	0.229	0.028	−0.007	−0.005	−0.012
	$b_{i,0}$	$b_{i,1}$	$b_{i,2}$				
$O_{3,Strat}$	0.336	−0.135	−0.109				
$O_{3,trop}$	0.100	0.042	−0.112				
SSN	0.057	−0.031	−0.055				
f(NW)	0.111	−0.048	−0.100				
QBO	0.021	−0.006	−0.018				

图 1-7 给出了最终入选的 5 个因子：$O_{3,Strat}$、$O_{3,trop}$、SSN、$f(NW)$ 和 QBO，以及随季节变化的 O_3 浓度背景信号和拟合残差（Residual）。图中同时对比了观测的 O_3 浓度和用上述因子构成的多变量模型计算所得 O_3 浓度的归一化信号。从图中可见，背景信号的季节性变化是 O_3 浓度波动的主导因子，其相对振幅达 0.67；$O_{3,Strat}$、$O_{3,trop}$ 和 $f(NW)$ 均表现出

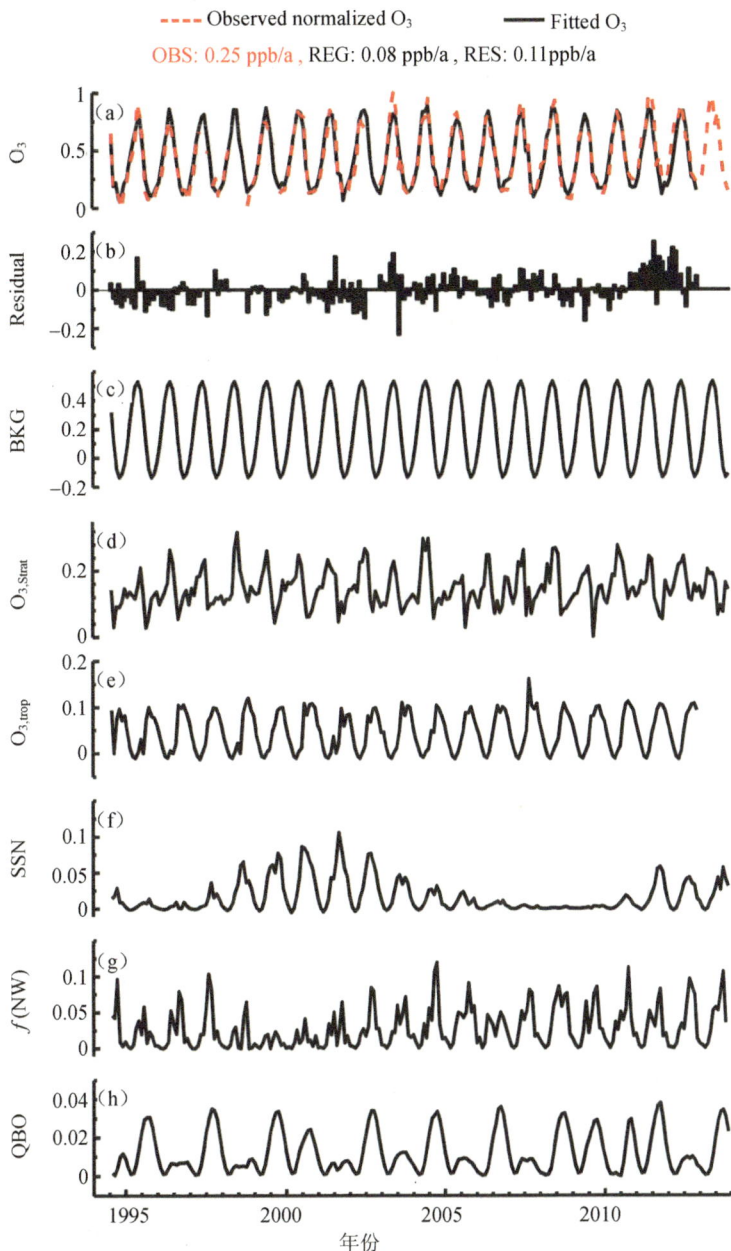

图 1-7 $O_{3,Strat}$、$O_{3,trop}$、SSN、f（NW）、QBO 五因子以及 O_3 浓度背景信号和拟合残差的变化趋势

注：1. Observed normalized O_3 是归一化的 O_3 浓度观测值；Fitted O_3 是拟合的 O_3 浓度值；

2. OBS 是基于观测值得到的趋势；REG 是基于拟合线得到的趋势；RES 是观测与拟合线残差的趋势。

每年一个周期的特征，但是每个周期对 O_3 浓度贡献有不规则变化；SSN 体现出季节变化叠加在 11 年变化的大周期上的特征；QBO 表现出大概 1～3 年变化周期对 O_3 浓度的影响。$O_{3,Strat}$、$O_{3,trop}$、SSN、f(NW) 和 QBO 对归一化 O_3 浓度振幅的最大贡献分别为 0.32、0.17、0.11、0.12 和 0.04。采用多变量模型基本能再现观测的 O_3 归一化浓度，模型计算值与观测值高度相关（R^2=0.92）。根据观测值得到的 O_3 浓度趋势为 0.25 ppb/a，但从计算值只能得到 0.08 ppb/a，从残差值可得到 0.11 ppb/a 趋势，两者基本能解释观测到的 O_3 浓度趋势。残差值趋势可能是亚洲区域 O_3 前体物排放增加造成的。

总之，我国全球本底站瓦里关站的地面 O_3 浓度存在长期增长趋势，秋季增长最强，达 0.24 ppb/a（1994—2015 年），冬季最弱（0.14 ppb/a）。除长期增长趋势外，该站 O_3 浓度还存在 2～4 年、7 年和 11 年变化周期。这些多年周期性变化与 $O_{3,Strat}$、$O_{3,trop}$、f（NW）等变化以及 QBO 和 SSN 等多因子叠加效应密切相关。上述因子的综合效应可解释约 1/3 观测到的 O_3 浓度趋势，观测到的 O_3 浓度趋势主要是多年来 O_3 前体物排放增加的结果。

1.3 我国区域大气本底站 O_3 浓度变化趋势特征

本节分析典型区域的 O_3 年度浓度、各站点季节浓度及日变化特征，以了解我国区域性 O_3 本底浓度长期变化趋势。这里关注的区域大气本底站包括上甸子站（SDZ）、临安站（LA）、龙凤山站（LFS）、香格里拉站（XGLL）、阿克达拉站（AKDL）、固城站（GCH）和中国气象局站（CMA）等，以便进行本底站、农村站和城市站的初步比较。

1.3.1 O_3 浓度年变化趋势特征

1.3.1.1 华北平原

华北平原地区是我国 O_3 污染严重的地区之一，其本底站上甸子站的 O_3 浓度在春季至秋季常常出现高值。前期研究发现，上甸子站的 O_3 日最大 8 h 平均浓度呈现显著、快速的上升趋势，2004—2015 年平均增长率达到 1.1 ppb/a。[4] 这种快速上升趋势非常值得关注。图 1-8 为上甸子站 2004—2015 年地面 O_3 年平均浓度的长期趋势。线性回归结果表明，2004—2015 年，上甸子站地面 O_3 浓度年均值出现了显著（$p<0.01$）的增长，增速约为 0.53 ppb/a。在这 12 年里上甸子站地面 O_3 年平均浓度大约升高了 6.4 ppb。作为代表华北平原地区的本底 O_3 浓度水平，这样的 O_3 浓度年平均值增长是非常惊人的。虽然从图 1-8 中的散点看，这些年上甸子站 O_3 年平均浓度有较大的年际波动，但是从决定系数（R^2=0.71）来看，年均值的长期增长对其方差波动有主要贡献。

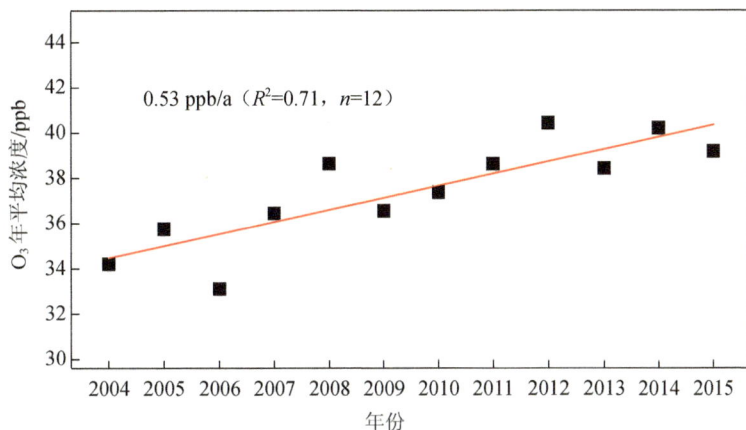

图 1-8　上甸子站 2004—2015 年地面 O_3 年平均浓度的长期趋势

　　为了解上甸子站 O_3 浓度增长趋势是否有季节差异,对该站不同季节 O_3 浓度分别进行统计和分析,图 1-9 为上甸子站 2004—2015 年不同季节地面 O_3 年平均浓度的长期趋势。与年平均 O_3 浓度类似,上甸子站季节平均 O_3 浓度也存在较大的年际波动,尤其是夏季平均波动很大,呈现 3~4 年一个周期波动的特征。线性回归结果表明,夏季平均 O_3 浓度发生了显著($p=0.01$)而快速的增长,增长率接近 1.5 ppb/a。春季和秋季 O_3 平均浓度也呈现不低的增速,但是趋势的统计显著度不高。冬季 O_3 浓度基本没有长期趋势。由此可见,上甸子站 O_3 浓度的增长并非全年均匀,而是主要发生在温暖季节,尤其是易发生光化学污染的夏季。由于夏季 O_3 浓度整体水平本来就高,这样快速的增长趋势可能继续推高华北平原地区 O_3 浓度。

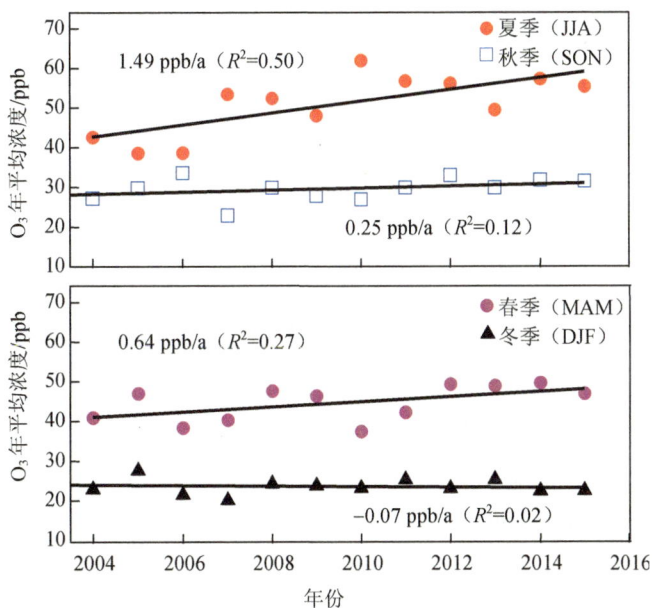

图 1-9　上甸子站 2004—2015 年不同季节地面 O_3 年平均浓度的长期趋势

上旬子站并非所有 O_3 浓度范围都是同步增长的，而是存在一定的系统性变化。图 1-10 为上旬子站 2004—2015 年 O_3 不同浓度范围出现频率分布变化趋势。可以看出，主要特征是低浓度段（5～30 ppb）的比例逐步减少，中、高浓度（尤其是 60～150 ppb）的比例逐步增加。这种变化结果导致上旬子站 O_3 日最大 8 h 平均浓度也呈现快速增长，其平均增长率达到 1.13 ppb/a。[4] 由于存在上述变化，上旬子站 1 h 平均 O_3 浓度超标率稳步增加，近年来超过《环境空气质量标准》（GB 3095—2012）中 O_3 浓度限值一级标准的比例达到全年时间的近 10%。

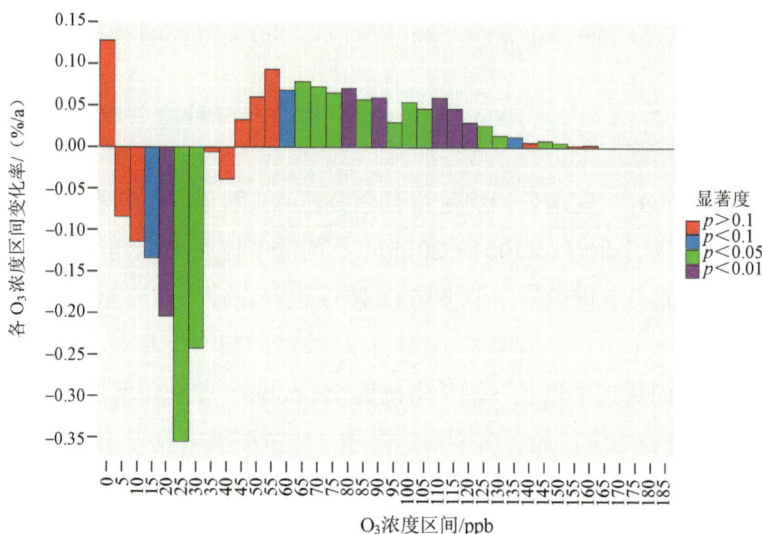

图 1-10　上旬子站 2004—2015 年 O_3 不同浓度范围频率分布变化趋势

1.3.1.2　长江三角洲

Xu 等[5]利用长三角地区的大气本底站临安站 1991—2006 年多次观测（数月至 2 年不等）资料探讨了该站 O_3 浓度的长期变化问题。研究发现，上述研究时段该站的 O_3 前体物氮氧化物有非常显著的增长，增长率达到 0.51 ppb/a，然而 O_3 浓度月平均值却没有增大，而是以 –0.37 ppb/a（不显著）的速率下降。进一步分析表明，在上述时段临安站地面 O_3 浓度变化幅度有明显扩大趋势，即高值变得越来越高，低值变得越来越低，其浓度频率分布呈现向高、低两端扩展的趋势。这种现象可以用氮氧化物增长来解释，光化学条件好的时段更多的氮氧化物产生更多 O_3，而夜晚和寒冷季节更多的一氧化氮则消耗更多 O_3，导致 O_3 浓度更低。因此，在这种情况下，仅考察 O_3 平均浓度是不够的，应该同时关注高浓度段的变化趋势。事实上，临安站 1991—2006 年 O_3 高浓度段呈显著的上升趋势，这意味着 O_3 浓度超标的概率是增大的。

本书利用临安站 2005—2015 年的 O_3 浓度观测资料探讨长三角背景站点的 O_3 浓度变化特征与趋势。与之前的情况相比，2006 年后临安站 O_3 浓度呈现略有不同的变化特征。首先考察年平均值的情况，由于该站 2005 年 7 月底才开始 O_3 浓度长期连续观测，因此，年平均值计算从 2006 年开始。图 1-11 为临安站 2006—2015 年地面 O_3 年平均浓度的长期趋势。这段时期临安站 O_3 浓度年平均值在 31.1~35.4 ppb 波动。另外，2010—2012 年出现低谷，其他年份相对较高。线性回归给出一个 –0.12 ppb/a 的下降趋势，但该趋势统计显著度极低。

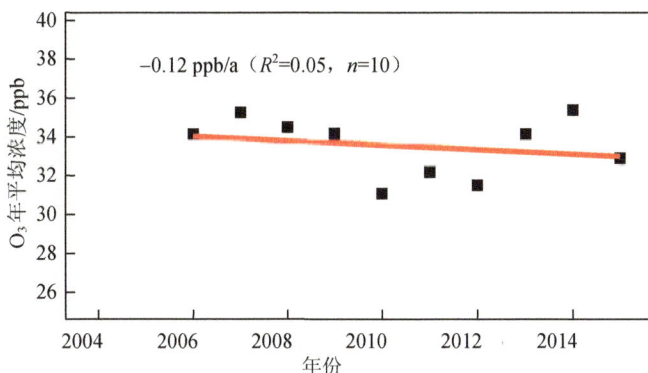

图 1-11　临安站 2006—2015 年地面 O_3 年平均浓度的长期趋势

为了研究临安站 2005—2015 年 O_3 浓度变化不同季节差异，我们对该站不同季节地面 O_3 浓度分别进行了统计和分析。图 1-12 为临安站 2005—2015 年不同季节地面 O_3 年平均浓度的长期趋势。图中同时给出了各个季节 O_3 浓度平均值的线性回归结果。仅从回归线斜率来看，这段时期临安站夏季 O_3 平均浓度几乎没有发生趋势性变化，秋季有较小的下降趋势（–0.14 ppb/a），春季下降更快一些（–0.46 ppb/a），而冬季有 0.31 ppb/a 的增长率，但这些趋势没有达到起码的显著度要求（如 $p < 0.1$），不具有深入分析的实际意义。但是

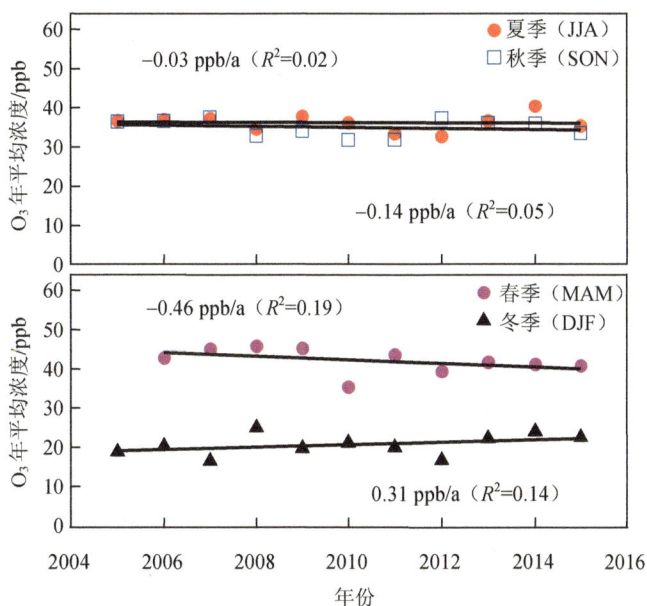

图 1-12　临安站 2005—2015 年不同季节地面 O_3 年平均浓度的长期趋势

从另一个角度看，在相对温暖的季节（春季、夏季、秋季）O_3 平均浓度是下降的，而冬季 O_3 平均浓度呈上升趋势，这与过去临安站 1991—2006 年 O_3 浓度变化特征的分析结果是相反的。[5] 由此可见，从 2006 年起临安站的 O_3 浓度变化特征发生转变，即从变化幅度越来越大到变化幅度逐渐缩小。虽然图 1-12 中的趋势均不是统计显著的，但这一趋势扭转的苗头似乎显现。如果考察临安站 2005—2015 年 O_3 年不同浓度范围出现频率分布变化趋势，则更能说明问题。如图 1-13 所示，100 ppb 以上的高 O_3 浓度发生频率几乎没有变化，但是中等浓度段（45～95 ppb）出现频率更多是小幅下降的，低浓度段（<40 ppb）出现频率更多是小幅增加的。尽管这些出现频率多数没达到显著程度（$p<0.1$），但未来发展趋势有可能越来越显著，因此值得继续关注。

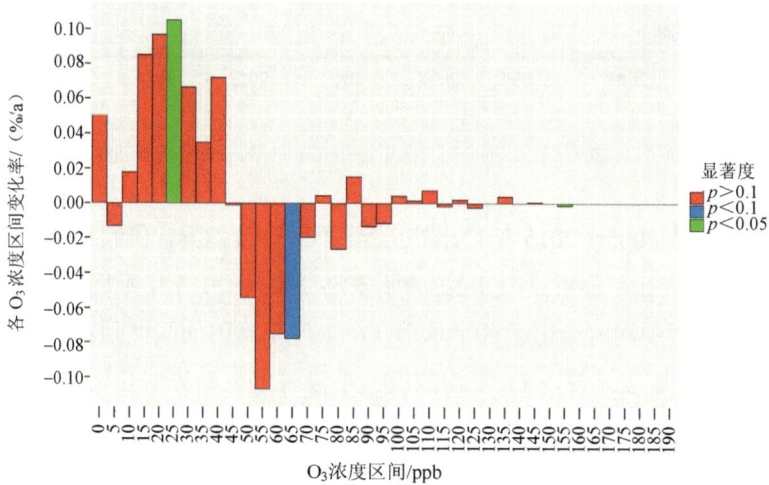

图 1-13　临安站 2005—2015 年 O_3 不同浓度范围出现频率分布变化趋势

1.3.1.3　东北平原

本书利用大气本底站龙凤山站 2005—2015 年的 O_3 浓度观测资料探讨这一代表东北平原背景站点的 O_3 浓度变化特征与趋势，首先考察年平均值的情况。由于该站 2005 年 7 月底才开始 O_3 浓度长期连续观测，因此，年平均值计算从 2006 年开始。图 1-14 为龙凤山站 2006—2015 年地面 O_3 年平均浓度的长期趋势。这段时期龙凤山站 O_3 年平均浓度在 29.4～36.4 ppb 波动，其波动幅度比长三角地区的临安站略大。从图 1-14 给出的线性回归结果看，龙凤山站 O_3 浓度年平均值以 –0.50 ppb/a 的较快速率下降（$p<0.1$），这是与东部其他区域大气本底站（上甸子站和临安站）情况所不同的。

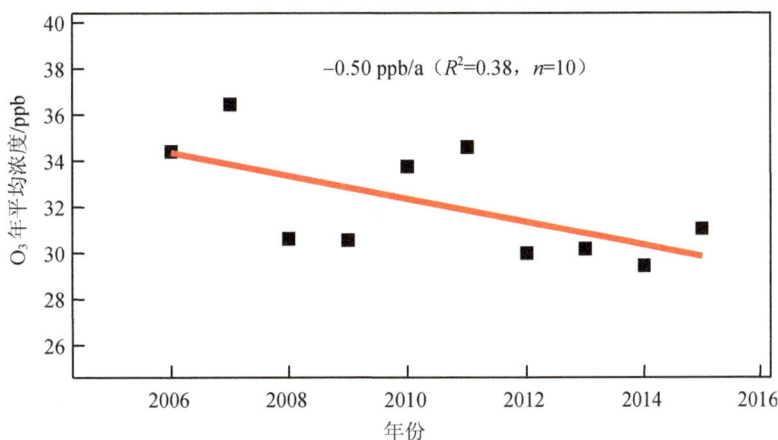

图 1-14 龙凤山站 2006—2015 年地面 O_3 浓度年平均浓度的长期趋势

　　为了判断龙凤山站 2005—2015 年 O_3 浓度下降是否在所有季节都发生，我们对该站不同季节 O_3 浓度分别进行了统计和分析。图 1-15 为龙凤山站 2005—2015 年不同季节地面 O_3 年平均浓度的长期趋势。图中同时给出了各个季节 O_3 浓度平均值的线性回归结果。线性回归所得的趋势夏季为微小的负值（−0.10 ppb/a）、秋季为正值（0.31 ppb/a），这两个季节的 O_3 浓度趋势都没有达到显著程度。春季和冬季的 O_3 浓度平均值呈现非常快速的下降趋势，下降速率分别为 −1.54 ppb/a 和 −0.92 ppb/a，这两个季节的 O_3 浓度下降趋势有很高的统计显著度（$p<0.01$）。龙凤山 O_3 浓度季节变化趋势既不同于华北平原的上甸子站（主要是夏季显著增长），也不同于长三角地区的临安站（基本没有显著的趋势），有其独特性。龙凤山站纬度超过 44°，属典型的寒温带气候，常年气温平均约为 5℃，冬、春季较严寒，夏、秋季较为温暖，日照时间和强度也存在很大的季节差异。这样的气候特征导致该站光化学反应条件在冬、春季和夏、秋季存在很大的差异。初步判断冬、春季龙凤山站的 O_3 浓度光化学生成很弱，而其他因素（如氮氧化物排放的增长）可能导致冬、春季 O_3 浓度的显著下降。图 1-16 为龙凤山站 2005—2015 年 O_3 年平均浓度频率分布变化趋势。从图 1-16 可以看出，该站中高浓度段（55 ppb 以上）O_3 浓度发生频率几乎没有变化，但是中低浓度段（30～50 ppb）出现频率显著下降（$p<0.05$），低浓度段（10～20 ppb）出现频率显著增加（$p<0.05$）。这种现象说明消耗性机制是龙凤山站冬、春季 O_3 浓度长期下降的主导原因，这与上述判断一致。但是，O_3 浓度受多种复杂的化学和动力等原因的影响，有关这一现象的根源还需要系统深入的分析研究。

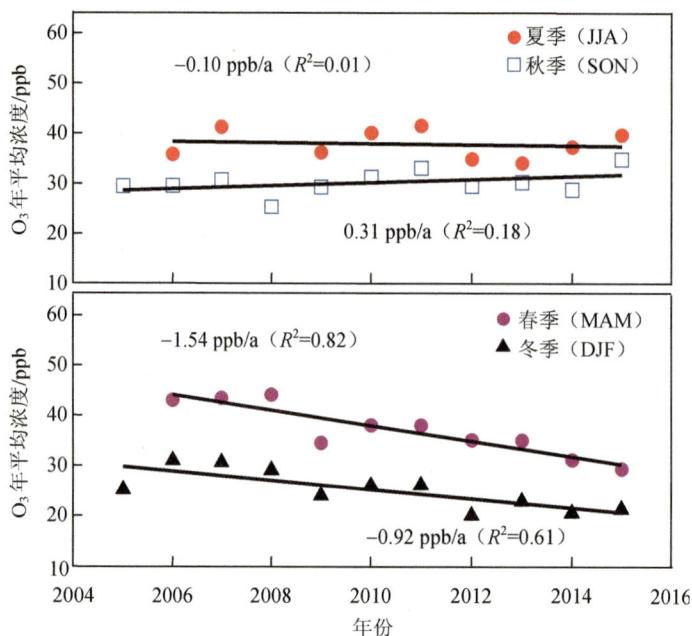

图 1-15　龙凤山站 2005—2015 年不同季节地面 O_3 年平均浓度的长期趋势

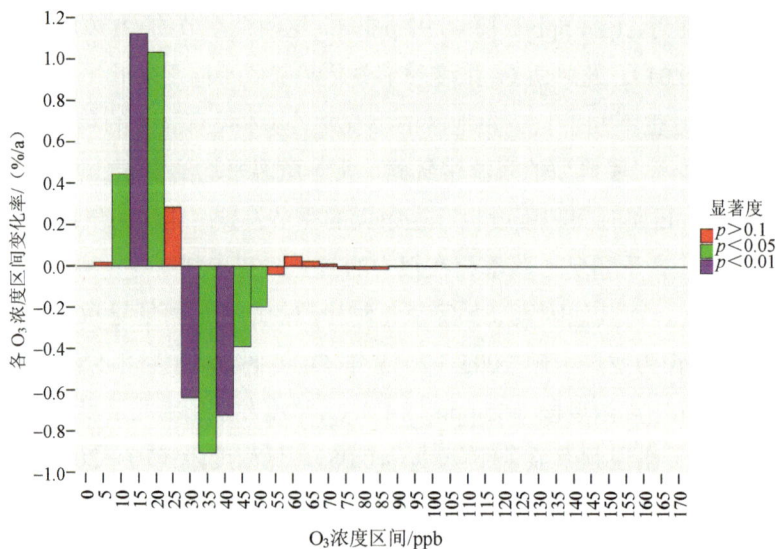

图 1-16　龙凤山站 2005—2015 年 O_3 年平均浓度频率分布变化趋势

1.3.1.4　西部地区

西部地区的区域本底站 O_3 浓度观测开始较晚，尤其是新疆阿克达拉站基本上从 2010 年开始才有 O_3 观测数据，因此，这里的趋势分析结果只能做大致参考，更可靠的趋势结果需要等到数据系列再延长几年之后。

从 O_3 年平均浓度来看（图 1-17），香格里拉站 O_3 浓度虽然波动很大，但没有统计显著的趋势。阿克达拉站 O_3 年平均浓度呈现逐渐下降的趋势，下降速率为 –1.83 ppb/a，而且具有较高的显著度（$p < 0.05$）。从季节来看（图 1-18），香格里拉站 O_3 浓度无论哪个季节都没有显著趋势。阿克达拉站夏季 O_3 浓度有显著（$p < 0.01$）的下降趋势，下降速率为 –2.36 ppb/a。春季和秋季 O_3 平均浓度也呈现较快的下降趋势，但是显著度较低。可见阿克达拉 O_3 年平均浓度下降主要是温暖季节 O_3 浓度逐步降低造成的。这方面具体原因还需要进一步研究。

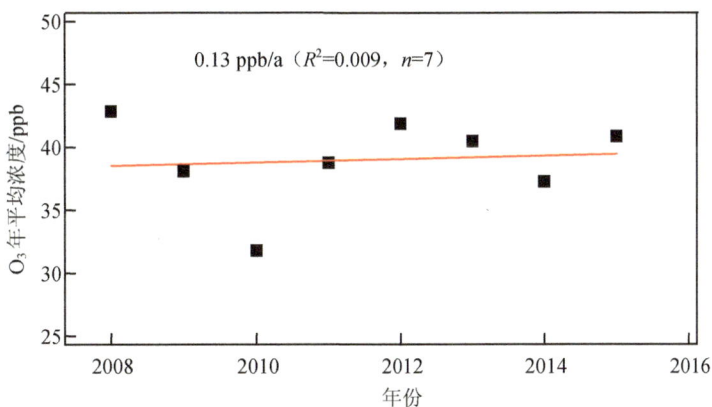

（a）香格里拉站

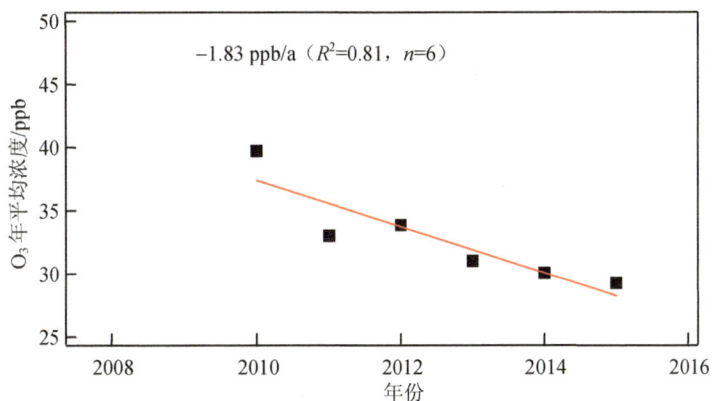

（b）阿克达拉站

图 1-17　西部地区 2008—2015 年 O_3 年平均浓度的长期趋势

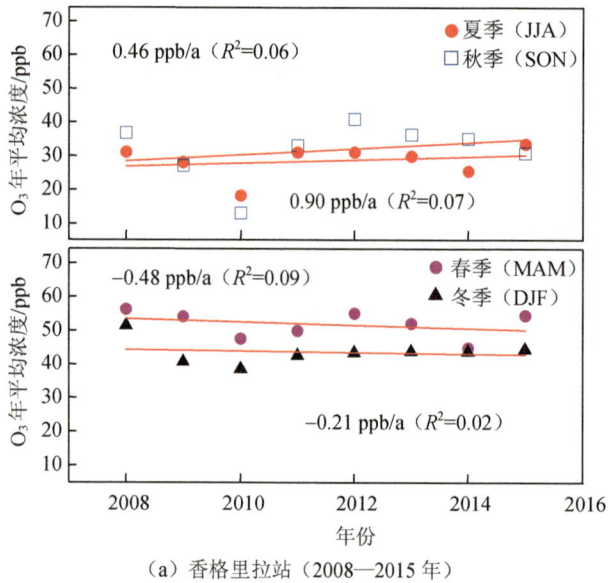

（a）香格里拉站（2008—2015 年）

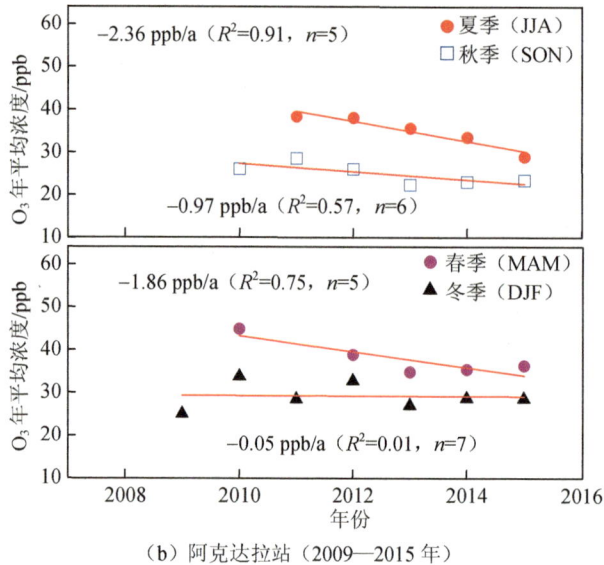

（b）阿克达拉站（2009—2015 年）

图 1-18　西部地区不同季节地面 O_3 平均浓度的长期趋势

　　图 1-19 为西部地区 O_3 年平均浓度频率分布变化趋势。香格里拉站 O_3 较高浓度段出现频率有所降低，中等浓度段出现频率略有升高，但是这些变化趋势统计显著度均较低（$p > 0.1$）。阿克达拉站 O_3 中、高浓度段出现频率有显著降低（$p < 0.1$），中、低浓度段出现升高不显著。这些结果与上述年均和季节平均 O_3 浓度变化特征较为一致。

（a）香格里拉站（2008—2015 年）

（b）阿克达拉站（2010—2015 年）

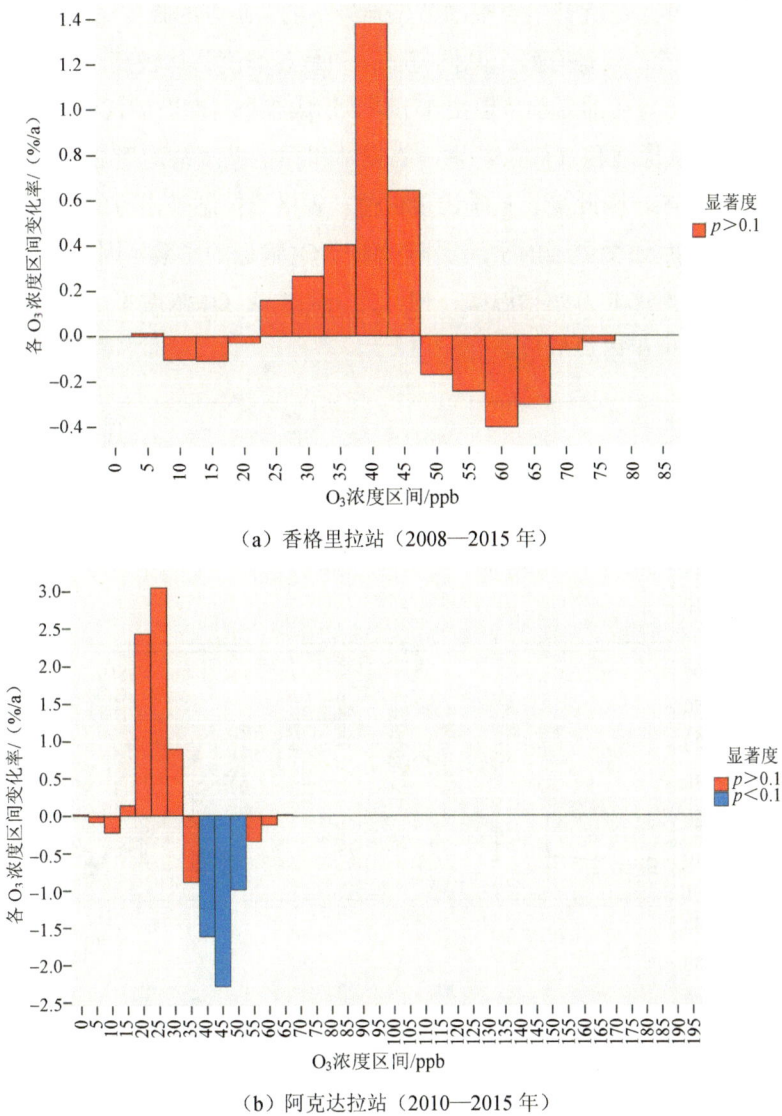

图 1-19　西部地区 O_3 年平均浓度频率分布变化趋势

1.3.2　O_3 浓度季节变化趋势特征

图 1-20 为我国 8 个长期观测站多年 O_3 平均浓度的季节变化趋势。瓦里关站多年 O_3 平均浓度最高值出现在 7 月，月均值为 61.1 ppb，最低值出现在 1 月，月均值为 42.5 ppb。东北的龙凤山站与华北的上甸子站、固城站和中国气象局站的 O_3 浓度最高值也都出现在 7 月，月均值分别为 42.8 ppb、56.7 ppb、48.4 ppb 和 47.2 ppb，这些站点除中国气象局站外，O_3 浓度最低值都出现在 1 月。同为北方的阿克达拉站的 O_3 浓度季节变化与北方其他站点有较大的差异，其最高值出现在 4 月，而且月际差异较小，最大月和最小月均值分别

为 37.9 ppb 和 22.1 ppb，是所有站点中季节差异最小的。南方的临安站和香格里拉站的 O_3 浓度季节变化有所差异，但是有两个共同特征：一是春季值总体较高，出峰时间月份分别为 6 月和 5 月，二是出峰后的夏季呈现快速下降，形成 3 个月左右的低值（香格里拉站）或较低值（临安站）。从地理和气候条件讲，临安站和香格里拉站均受亚洲季风海洋性气流并伴随降水的强烈影响，因此夏、秋季出现低值。香格里拉站是南方的高山站点，冬季光化学反应条件较好而且还受更强的平流层向对流层 O_3 输送的影响，因此冬季 O_3 浓度逐步上升。临安站冬季虽然比北方站稍温暖，但其光化学生成 O_3 浓度不足以补偿消耗，因此和北方站一样冬季出现年内最低值。

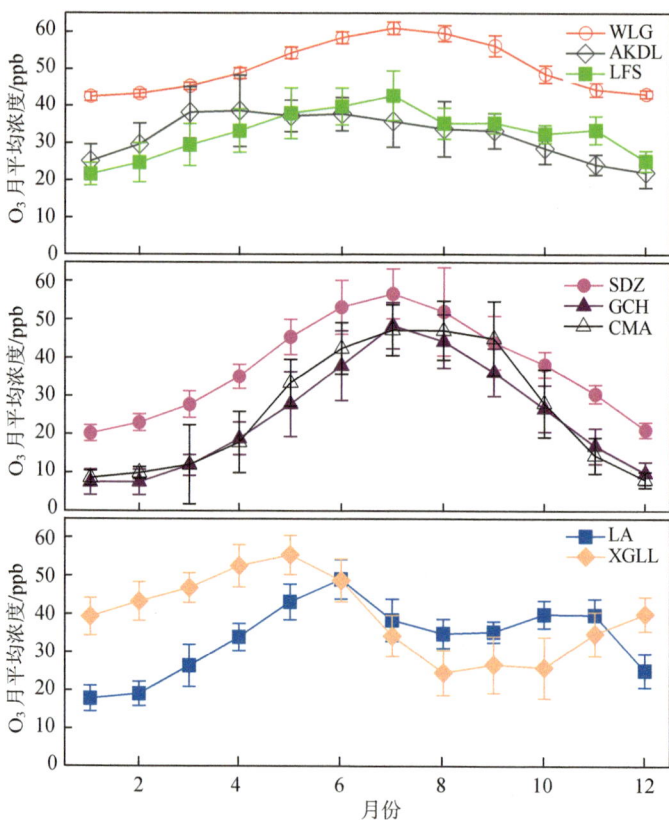

图 1-20　我国 8 个长期观测站多年 O_3 平均浓度的季节变化趋势

瓦里关站 O_3 浓度全年大致体现了以 7 月为中心的对称分布，华北地区的上甸子站和固城站 O_3 浓度也呈现同样的季节分布特征。但同处于华北地区的中国气象局站 O_3 浓度分布却略有差异，其 8 月、9 月 O_3 浓度与 7 月的非常接近，7 月前后对称性较差，此外 5 月、6 月 O_3 浓度的上升较快，形成了 5—9 月较宽的高值区间。这一特征可能由于北京城区 O_3 前体物浓度水平高，在与固城站类似的气候条件下可形成更高的 O_3 浓度。华北地区本底站上甸子站几乎全年的 O_3 浓度都超过同区域的中国气象局站和固城站。根据以往的研究结果，这主要是华北平原污染物向上旬子站输送造成的，O₃是二次污染物，输送会导致下游地区浓度更高。不过从全年各季节来看，最高 O₃浓度均出现在全球本底站瓦里关站，这与该站的高海拔、受自由对流层乃至平流层输送影响显著有关。从 O₃浓度的平均振幅来看，振幅较大的均出现在华北平原，超过 35 ppb，尤其是在固城站达到了 41 ppb，表明华北地区的光化学污染较为严重。

1.3.3 O₃浓度日变化趋势特征

我国 8 个长期观测站多年 O₃平均浓度日变化趋势如图 1-21 所示。瓦里关站的 O₃浓度日变化非常平缓，振幅很小（3.3 ppb），且白天浓度低、夜间浓度高。瓦里关站处于瓦里关山的山顶，为高海拔站，该站与周边山谷高差超过数百米，受山谷风效应的影响比较明显。山谷风昼夜变化使瓦里关白天主要受来自边界层的上坡风影响，夜晚主要受来自自由对流层的下坡风影响。以往研究结果表明，当地光化学的净效应是消耗 O₃，而对流层 O₃浓度更高，所以才出现白天低、晚上高的 O₃浓度日变化。香格里拉站的日变化幅度也很小（9.4 ppb），但符合通常的白天高、晚上低的特征，说明当地光化学污染程度很轻，对白天 O₃浓度的抬升较小。北方的阿克达拉站和龙凤山站的 O₃浓度日振幅处于中等水平，分别为 14.3 ppb 和 15.3 ppb，表明两站相对清洁。其他站的 O₃浓度日振幅均很高，都超过 30 ppb，尤其是华北农村固城站达到了 41.8 ppb，可见华北地区光化学污染的严重性。

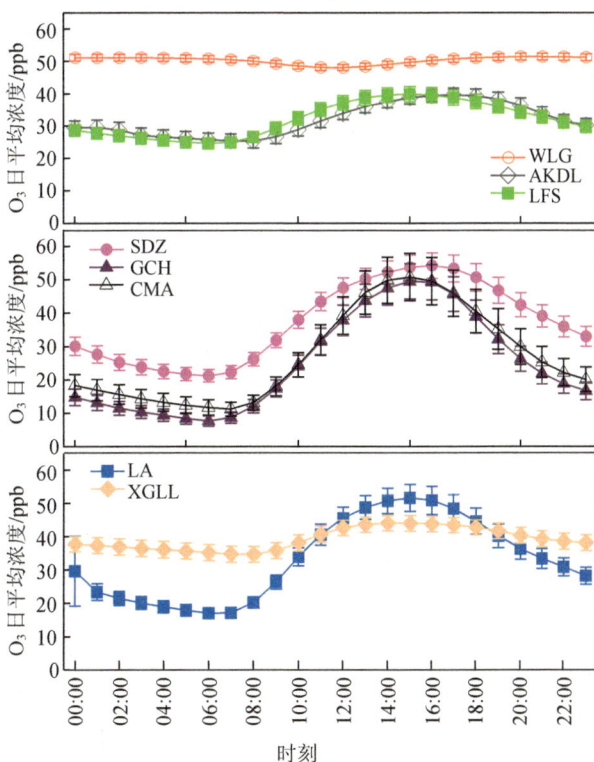

图 1-21 我国 8 个长期观测站点多年 O₃平均浓度日变化趋势

第 2 章

我国大气 O_3 污染特征与演变态势

研究表明，近年来我国大气环境氧化性逐年升高，区域 O_3 污染呈加剧态势，O_3 污染已成为继 $PM_{2.5}$ 污染广泛引起关注后困扰城市空气质量改善和达标管理的另一重要大气污染物，给生态环境部门和各级人民政府带来巨大的压力。

近年来，我国着力控制 $PM_{2.5}$ 污染，投入了很大的人力、财力、物力执行减排措施，多数地区 $PM_{2.5}$ 污染程度逐步减轻，取得了显著的效果。然而观测结果显示，$PM_{2.5}$ 污染逐步减轻的同时，我国许多地区的地面 O_3 浓度水平则呈现稳步上升趋势。本章基于全国现状观测数据，分析揭示我国大气 O_3 污染时空分布特征及演变态势。

2.1 我国大气 O_3 监测网络布设、O_3 评价方法和污染指数及相应防护定义

2.1.1 我国大气 O_3 监测网络布设情况

京津冀、长三角、珠三角等重点地区及直辖市、省会城市和计划单列市共 74 个城市（简称 74 城市）自 2013 年 1 月开始按照《环境空气质量标准》（GB 3095—2012）开展监测和评价，包括北京、天津、石家庄、唐山、秦皇岛、邯郸、邢台、保定、张家口、承德、沧州、廊坊、衡水、太原、呼和浩特、沈阳、大连、长春、哈尔滨、上海、南京、无锡、徐州、常州、苏州、南通、连云港、淮安、盐城、扬州、镇江、泰州、宿迁、杭州、宁波、温州、嘉兴、湖州、绍兴、金华、衢州、舟山、台州、丽水、合肥、福州、厦门、南昌、济南、青岛、郑州、武汉、长沙、广州、深圳、珠海、佛山、江门、肇庆、惠州、东莞、中山、南宁、海口、重庆、成都、贵阳、昆明、拉萨、西安、兰州、西宁、银川、乌鲁木齐。

　　京津冀、长三角、珠三角等重点地区及直辖市、省会城市和计划单列市共 74 个城市及其他 87 个环保重点城市，共计 161 个城市（简称 161 城市）自 2014 年 1 月开始按照《环境空气质量标准》（GB 3095—2012）开展监测和评价，161 城市指第一阶段和第二阶段实施新空气质量标准的城市，包括 74 城市，以及大同、阳泉、长治、临汾、包头、赤峰、鄂尔多斯、鞍山、抚顺、本溪、丹东、锦州、营口、盘锦、葫芦岛、吉林、齐齐哈尔、大庆、牡丹江、芜湖、马鞍山、泉州、九江、淄博、枣庄、东营、烟台、潍坊、济宁、泰安、威海、日照、莱芜、临沂、德州、聊城、滨州、菏泽、开封、洛阳、平顶山、安阳、焦作、三门峡、宜昌、荆州、株洲、湘潭、岳阳、常德、张家界、韶关、汕头、湛江、茂名、梅州、汕尾、河源、阳江、清远、潮州、揭阳、云浮、柳州、桂林、北海、三亚、自贡、攀枝花、泸州、德阳、绵阳、南充、宜宾、遵义、曲靖、玉溪、铜川、宝鸡、咸阳、渭南、延安、嘉峪关、金昌、石嘴山、克拉玛依和巴音郭楞州。

　　目前，全国已有 338 个城市（简称 338 城市）自 2015 年 1 月起开始按照《环境空气质量标准》（GB 3095—2012）开展监测和评价。

2.1.2　我国大气 O_3 评价方法

　　城市 O_3 日最大 8 h 浓度按照《环境空气质量评价技术规范（试行）》（HJ 663—2013）中有关要求进行统计。

　　O_3 浓度日评价：O_3 的日最大 8 h 平均；

　　O_3 浓度年评价：O_3 的日最大 8 h 平均的第 90 百分位数；

　　自然日内 O_3 日最大 8 h 平均的有效性规定为当日 8 时至 24 时至少有 14 个有效 8 h 平均浓度值。当不满 14 个有效数据时，若日最大 8 h 平均浓度超过浓度限值标准时，统计结果仍有效。

　　日历年内 O_3 的日最大 8 h 平均的特定百分位数的有效性规定为日历年内至少有 324 个日最大 8 h 平均值，每月至少有 27 个 O_3 日最大 8 h 平均值（2 月至少 25 个 O_3 日最大 8 h 平均值）。

　　统计 O_3 城市尺度浓度时，采用点位平均方法，所有有效监测的城市点必须全部参加统计和评价，且有效监测点位的数量不得低于城市点总数量的 75%（总数量小于 4 个时，不低于 50%）；当不满足上述要求时，若点位中最大浓度超标，则以该最大值参加统计，若点位中最大浓度达标，则该项目浓度按无效处理。

　　《环境空气质量标准》（GB 3095—2012）中六项污染物浓度限值如表 2-1 所示：

表 2-1　环境空气污染物浓度限值

污染物项目	平均时间	浓度限值		单位
		一级	二级	
SO_2	年平均	20	60	$\mu g/m^3$
	24 h 平均	50	150	
	1 h 平均	150	500	
NO_2	年平均	40	40	
	24 h 平均	80	80	
	1 h 平均	200	200	
CO	24 h 平均	4	4	mg/m^3
	1 h 平均	10	10	
O_3	8 h 平均	100	160	$\mu g/m^3$
	1 h 平均	160	200	
PM_{10}	年平均	40	70	
	24 h 平均	50	150	
$PM_{2.5}$	年平均	15	35	
	24 h 平均	35	75	

2.1.3　我国大气 O_3 污染指数及相应防护定义

根据我国空气质量指数的标准规定，即《环境空气质量指数（AQI）技术规定（试行）》（HJ 633—2012）中，关于不同等级空气质量分指数对应各项污染物浓度限值的规定，将 O_3 浓度分为 6 个等级（浓度范围），各等级分别代表不同的空气质量分指数（表 2-2），同时对应 O_3 浓度的不同污染等级（表 2-3）。

表 2-2　空气质量分指数及对应的污染物项目浓度限值

空气质量分指数 (AQI)	污染物项目浓度限值									
	二氧化硫 (SO₂) 24 h 平均/ (μg/m³)	二氧化硫 (SO₂) 1 h 平均/ (μg/m³)(1)	二氧化氮 (NO₂) 24 h 平均/ (μg/m³)	二氧化氮 (NO₂) 1 h 平均/ (μg/m³)(1)	颗粒物 (粒径小于等于 10 μm) 24 h 平均/ (μg/m³)	一氧化碳 (CO) 24 h 平均/ (mg/m³)	一氧化碳 (CO) 1 h 平均/ (mg/m³)(1)	臭氧 (O₃) 1 h 平均/ (μg/m³)	臭氧 (O₃) 8 h 平均/ (μg/m³)	颗粒物 (粒径小于等于 2.5 μm) 24 h 平均/ (μg/m³)
0	0	0	0	0	0	0	0	0	0	0
50	50	150	40	100	50	2	5	160	100	35
100	150	500	80	200	150	4	10	200	160	75
150	475	650	180	700	250	14	35	300	215	115
200	800	800	280	1200	350	24	60	400	265	150
300	1600	(2)	565	2340	420	36	90	800	800	250
400	2100	(2)	750	3090	500	48	120	1000	(3)	350
500	2620	(2)	940	3840	600	60	150	1200	(3)	500

说明　(1) 二氧化硫（SO₂）、二氧化氮（NO₂）和一氧化碳（CO）的 1 h 平均浓度限值仅用于实时报，在日报中需使用相应污染物的 24 h 平均浓度限值。
(2) 二氧化硫（SO₂）1 h 平均浓度值高于 800 μg/m³ 的，不再进行其空气质量分指数计算，二氧化硫（SO₂）的空气质量分指数按 24 h 平均浓度计算的分指数报告。
(3) 臭氧（O₃）8 h 平均浓度值高于 800 μg/m³ 的，不再进行其空气质量分指数计算，臭氧（O₃）的空气质量分指数按 1 h 平均浓度计算的分指数报告。

资料来源：《环境空气质量指数（AQI）技术规定（试行）》（HJ 633—2012）。

表2-3   空气质量指数及相关信息

空气质量指数	空气质量指数级别	空气质量指数类别及表示颜色		对健康影响情况	建议采取的措施
0~50	一级	优	绿色	空气质量令人满意,基本无空气污染	各类人群可正常活动
51~100	二级	良	黄色	空气质量可接受,但某些污染物可能对极少数异常敏感人群健康有较弱影响	极少数异常敏感人群应减少户外活动
101~150	三级	轻度污染	橙色	易感人群症状有轻度加剧,健康人群出现刺激症状	儿童、老年人及心脏病、呼吸系统疾病患者应减少长时间、高强度的户外锻炼
151~200	四级	中度污染	红色	进一步加剧易感人群症状,可能对健康人群症状心脏、呼吸系统有影响	儿童、老年人及心脏病、呼吸系统疾病患者避免长时间、高强度的户外锻炼,一般人群适量减少户外运动
201~300	五级	重度污染	紫色	心脏病和肺病患者症状显著加剧,运动耐受力降低,健康人群普遍出现症状	儿童、老年人和心脏病、肺病患者应留在室内,停止户外运动,一般人群减少户外运动
>300	六级	严重污染	褐红色	健康人群运动耐受力降低,有明显强烈症状,提前出现某些疾病	儿童、老年人和病人应当留在室内,避免体力消耗,一般人群应避免户外活动

资料来源:《环境空气质量指数(AQI)技术规定(试行)》(HJ 633—2012)。

根据以上规定,每日城市 O_3 污染级别定义为 O_3 日最大 8 h 平均在 161~215 μg/m³ 时为轻度污染,浓度在 216~265 μg/m³ 时为中度污染,浓度大于 265 μg/m³ 时为重度污染。

2.2   2013—2017 年我国 O_3 污染变化趋势

2.2.1 O_3 浓度年变化趋势特征

比较 74 个城市 2013—2017 年的各项污染物浓度,SO_2、NO_2、PM_{10} 和 $PM_{2.5}$ 年均值呈逐年下降趋势,CO 日均值第 95 百分位数浓度也呈下降趋势,空气质量整体逐年好转。但 O_3 浓度日最大 8 h 平均第 90 百分位数(O_3-8h-90per)呈逐年上升趋势,2013—2016 年 O_3 浓度平均每年上升 4~6 μg/m³,而 2017 年较 2016 年上升 13 μg/m³,O_3 浓度上升幅度明显高于其他年份;另外 NO_2 浓度近 5 年呈波动变化,2017 年较 2015 年和 2016 年有所上升。总体来看,O_3 浓度污染日益突出,O_3 浓度日最大 8 h 平均第 90 百分位数明显上升,已成

为继 $PM_{2.5}$ 后的另一重要大气污染物。

2.2.2　O_3 浓度频数分布变化趋势特征

2013—2017 年，74 城市 O_3 浓度日最大 8 h 平均第 90 百分位数区间分布如图 2-1 所示，历年平均值分别为 139 $\mu g/m^3$、145 $\mu g/m^3$、150 $\mu g/m^3$、154 $\mu g/m^3$ 和 167 $\mu g/m^3$。历年 O_3 浓度日最大 8 h 平均第 90 百分位数大于 170 $\mu g/m^3$（含）的城市数量分别为 8 个、12 个、15 个、16 个和 38 个。可以看出，谱宽逐年变窄，低值减少，年均 O_3 浓度分布逐渐向高值区集中。

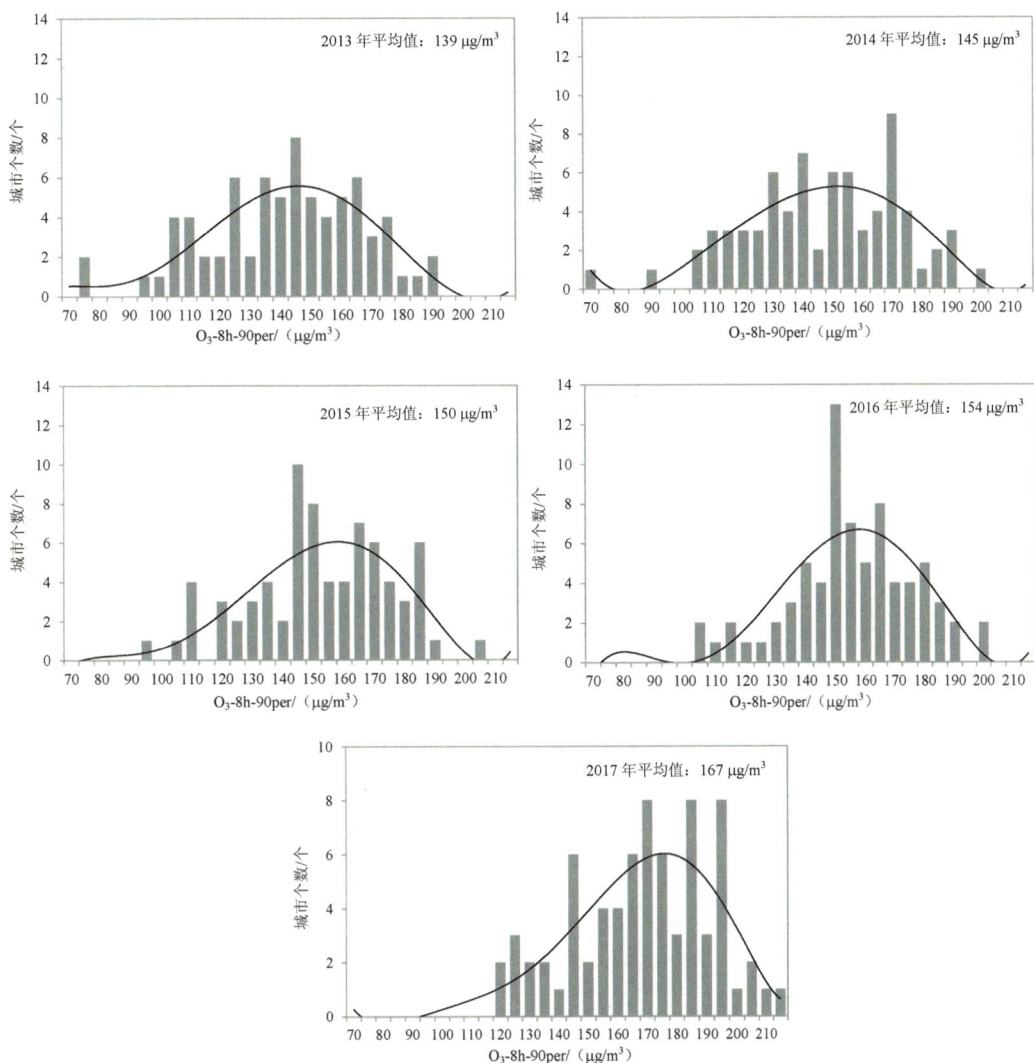

图 2-1　74 城市 O_3 浓度日最大 8 h 平均第 90 百分位数区间分布

2.2.3　O$_3$浓度月分布变化趋势特征

如图 2-2 所示，74 城市 O$_3$ 月均浓度总体呈夏季高、冬季低的特点，O$_3$ 高浓度主要出现在 5—10 月，2017 年浓度明显高于前 4 年，且 2017 年的最高浓度值出现在 5 月，较历史变化情况看有所提前。

京津冀地区 O$_3$ 浓度月变化呈"单峰型"，高浓度期持续时间较长，且峰值浓度较高。2013—2017 年，每年 1—2 月和 11—12 月每月的 O$_3$ 浓度日最大 8 h 平均第 90 百分位数均低于 100 μg/m^3；但是自 3 月起，O$_3$ 浓度开始上升，4 月 O$_3$ 浓度接近 160 μg/m^3；5—8 月 O$_3$ 浓度值高于 160 μg/m^3；2017 年虽然 4 月低于 2014—2016 年，但是 5—9 月 O$_3$ 浓度显著高于其他年份。长三角地区 O$_3$ 浓度月变化总体呈"单峰型"。2013—2017 年，每年 1 月和 12 月 O$_3$ 浓度日最大 8 h 平均第 90 百分位数浓度均低于 100 μg/m^3，2015—2017 年自 4 月起 O$_3$ 浓度超过 160 μg/m^3；珠三角地区环境空气 O$_3$ 浓度月变化呈现"双峰型"变化，2017 年 4—5 月、9—10 月出现区域的高值。

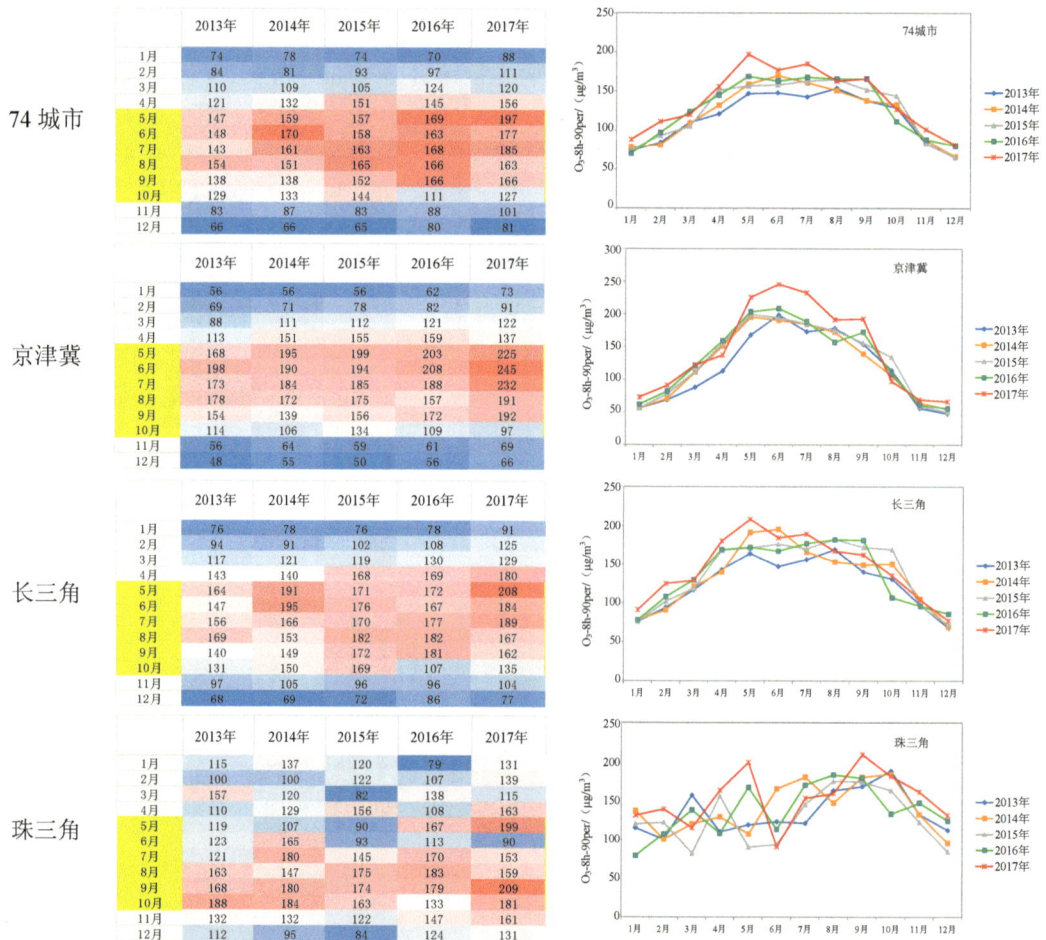

74 城市

	2013年	2014年	2015年	2016年	2017年
1月	74	78	74	70	88
2月	84	81	93	97	111
3月	110	109	105	124	120
4月	121	132	151	145	156
5月	147	159	157	169	197
6月	148	170	158	163	177
7月	143	161	163	168	185
8月	154	165	166	166	163
9月	138	138	152	166	166
10月	129	133	144	111	127
11月	83	87	83	88	101
12月	66	66	65	80	81

京津冀

	2013年	2014年	2015年	2016年	2017年
1月	56	56	56	62	73
2月	69	71	78	82	91
3月	88	111	112	121	122
4月	113	151	155	159	137
5月	168	195	199	203	225
6月	198	170	194	208	245
7月	173	184	185	188	232
8月	178	172	175	157	191
9月	154	139	156	172	192
10月	114	106	134	109	97
11月	56	64	59	61	69
12月	48	55	50	56	66

长三角

	2013年	2014年	2015年	2016年	2017年
1月	76	78	76	78	91
2月	94	91	102	108	125
3月	117	121	119	130	129
4月	143	140	168	169	180
5月	164	191	171	172	208
6月	147	195	176	167	184
7月	156	166	170	177	189
8月	169	153	182	182	167
9月	140	149	172	181	162
10月	131	150	169	107	135
11月	97	105	96	96	104
12月	68	69	72	86	77

珠三角

	2013年	2014年	2015年	2016年	2017年
1月	115	137	120	79	131
2月	100	100	122	107	129
3月	157	120	82	138	115
4月	110	129	156	108	163
5月	119	107	90	167	199
6月	123	165	93	113	90
7月	121	180	145	170	153
8月	163	147	175	183	159
9月	168	180	174	179	209
10月	188	184	163	133	181
11月	132	132	122	147	146
12月	112	95	84	124	131

图 2-2　2013—2017 年 74 城市及主要区域城市 O$_3$ 月均浓度

2.2.4 O_3 超标天数变化趋势

如图 2-3 所示，2013—2017 年，74 城市环境空气质量超标天数以 $PM_{2.5}$、O_3 和 PM_{10} 为首要污染物的天数较多，在 $PM_{2.5}$ 和 PM_{10} 为首要污染物的天数逐年减少的同时，以 O_3 为首要污染物的天数却逐年增加。2017 年，74 城市 O_3 超标天数为 3296 d，同比增加 980 d，O_3 超标天数已接近 $PM_{2.5}$ 超标天数。

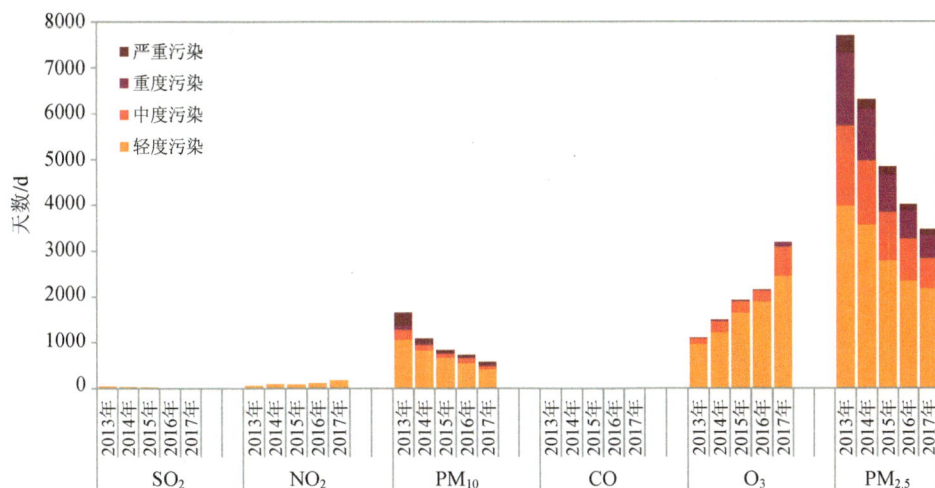

图 2-3 74 城市 2013—2017 年各项污染物为首要污染物的天数

2013—2017 年，74 城市空气质量超标天数中以 O_3 为首要污染物的超标天数占比分别为 10.5%、16.6%、24.9%、30.8% 和 43.1%（图 2-4），呈逐年上升趋势，自 2014 年起，超标天数中以 O_3 为首要污染物的污染天数占比超过 PM_{10}，仅次于 $PM_{2.5}$。2015—2017 年，338 城市空气质量超标天数中以 O_3 为首要污染物的超标天数占比分别为 16.9%、22.5% 和 33.4%。

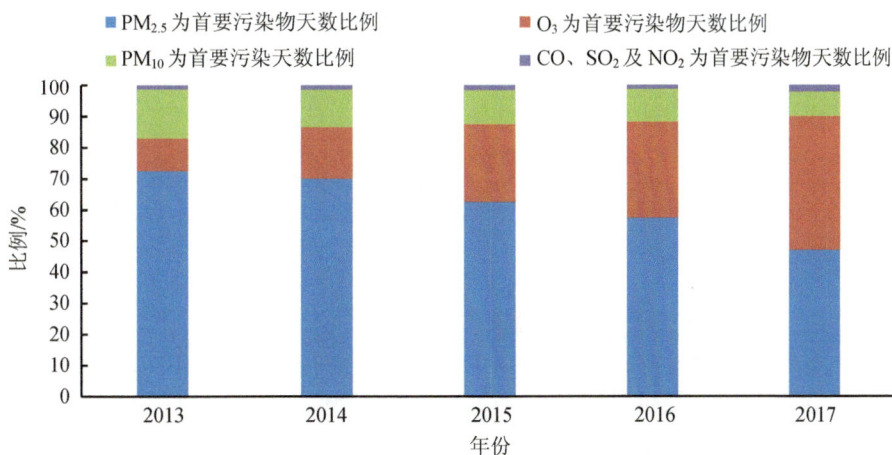

图 2-4 2013—2017 年 74 城市首要污染物占比变化

2013—2017 年，74 城市中 O_3 浓度超标城市从 17 个增加到 48 个（图 2-5）。O_3 浓度超标天数整体呈逐年增长趋势，尤其是 2017 年，O_3 浓度超标总天数较 2016 年相比增长幅度达到 40%以上，较 2013 年相比超标天数增加 1 倍以上，其中 O_3 重度污染天数增幅明显，由 2013 年的 12 d 增长至 2017 年的 95 d，而中度污染由 171 d 增加至 633 d，可见我国 O_3 污染情况整体趋于严重，呈现出污染范围扩大、污染程度加重的特征。

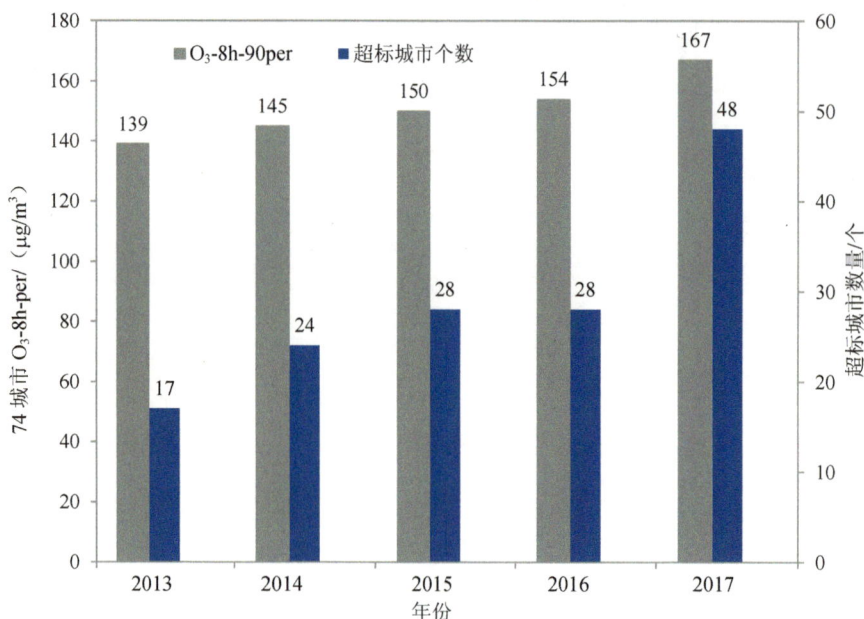

图 2-5　2013—2017 年 74 城市 O_3 浓度超标情况

从我国三大重点区域 O_3 污染超标天数历年变化情况来看，三大区域 O_3 污染超标天数整体呈逐年增加趋势，京津冀及长三角地区超标天数明显高于珠三角地区，珠三角地区 2015 年超标天数有所回落，全年 O_3 污染超标天数为 208 d，随后开始上升，2017 年增至 375 d，中度污染及重度污染天数大幅增加。京津冀地区 2013—2017 年 O_3 污染超标天数有明显增加，2013 年超标总天数为 460 d，2017 年升至 897 d，涨幅近 1 倍，与珠三角相似的是总超标天数 2015 年有小幅度下降，而后开始上升（图 2-6）。

图 2-6　2013—2017 年京津冀、长三角、珠三角地区 O_3 浓度超标情况

O₃ 的生成受光照、温度、湿度等气象因素的影响很大，我国 O₃ 污染有明显的季节变化（图 2-7）。O₃ 污染主要集中于 5—10 月，5—10 月的 O₃ 污染超标天数可以占全年 O₃ 总超标天数的 90% 以上。从区域上讲，京津冀地区 O₃ 污染超标最多出现在 6 月，其次是 7 月和 5 月；长三角地区 O₃ 污染超标最多出现在 5 月，其次是 6 月和 7 月；珠三角地区 O₃ 污染超标最多出现在 10 月，其次是 8 月和 9 月。2017 年，我国重点城市群的大气 O₃ 污染问题较为严重，但各区域特点略有不同。

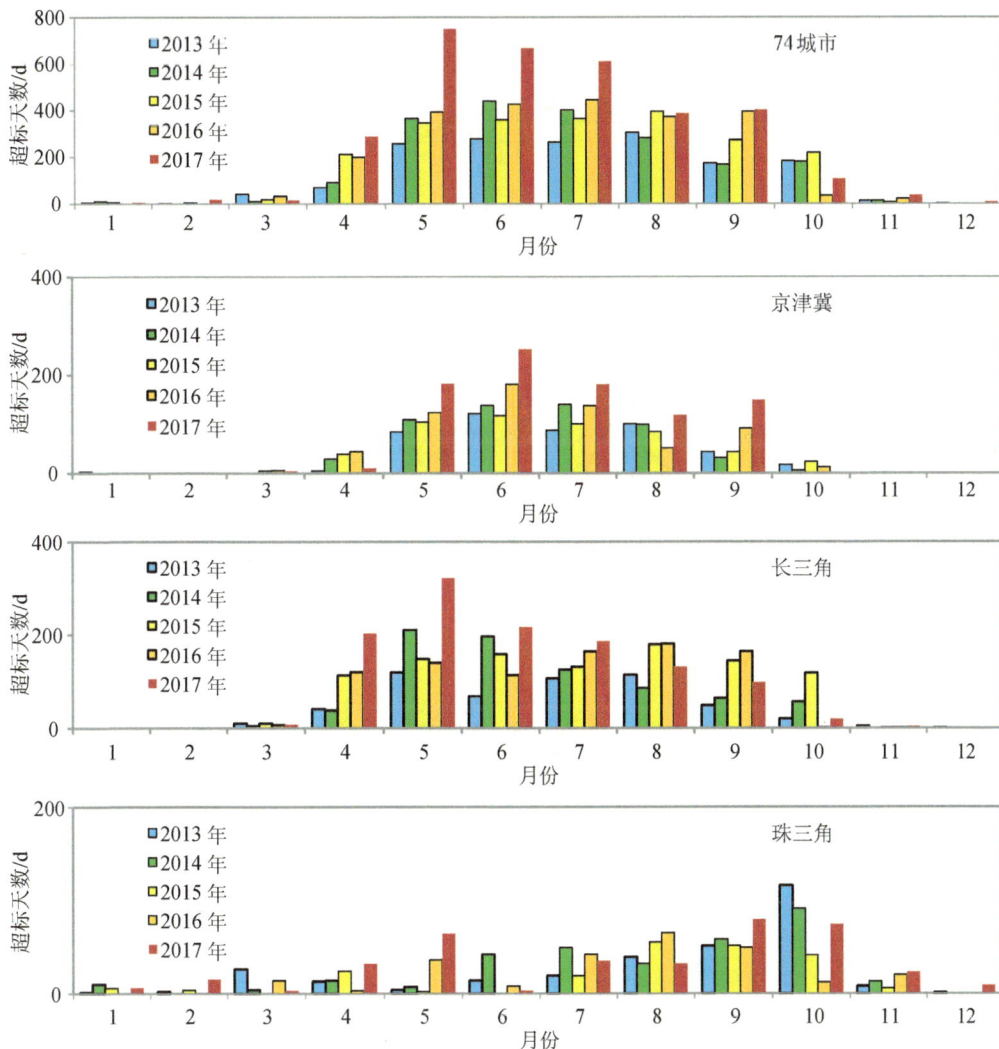

图 2-7　2013—2017 年 O₃ 浓度超标天数统计

2.2.5　典型 O₃ 污染过程

基于各城市 2013—2016 年 5—10 月逐日 O₃ 空气质量级别情况的统计数据，提取了京津冀地区 4 次较为典型的区域性 O₃ 污染过程，分别为 2013 年 6 月 12—17 日、2014 年 5 月 27 日—6 月 6 日、2015 年 5 月 22—28 日、2016 年 5 月 15—23 日。

选择天津市永明路、团泊洼（清洁对照点）、南口路，廊坊环境监测监理中心点位，以及北京东四、昌平、定陵（清洁对照点）3 组 7 个点位分析 2013 年 6 月 12—17 日、2014 年 5 月 27 日—6 月 6 日、2015 年 5 月 22—28 日、2016 年 5 月 15—23 日等四次污染过程 O_3 浓度变化趋势（图 2-8），发现典型污染过程具有以下特点：①小时浓度较高（超 200 μg/m^3）；②区域一致性；③部分点位存在夜间 O_3 浓度不降反升现象。

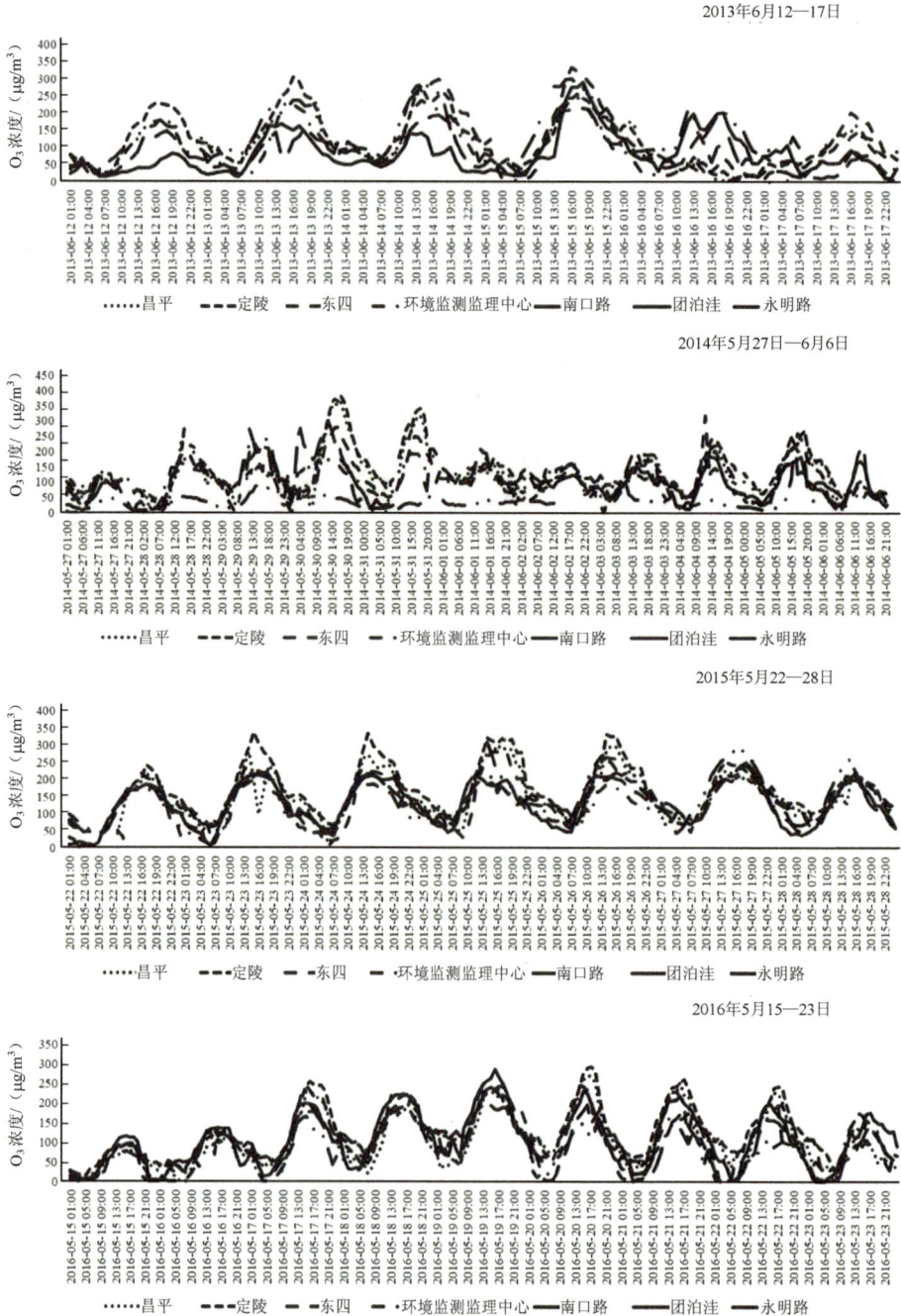

图 2-8   四次污染过程 O_3 浓度变化趋势

2.3　2013—2017 年我国 O_3 浓度空间变化特征

2.3.1　O_3 的城市及区域分布特征

从区域尺度来看，2013—2017 年 O_3 污染程度和范围在进一步扩大，O_3 污染的区域性特征突出。2017 年，我国 O_3 污染主要集中在辽宁中南部、京津冀及周边地区、长三角、武汉城市群、陕西关中等地所构成的三角地带，以及成渝、珠三角地区，其中 109 个 O_3 浓度超标城市中，53 个属于京津冀及周边地区，16 个城市浓度超过 200 μg/m³。

2015—2017 年 338 城市中，O_3 浓度日最大 8 h 平均最大值超过 215 μg/m³ 的城市数量 2015 年、2016 年和 2017 年分别为 129 个、121 个和 162 个；超过 265 μg/m³ 的城市数量分别为 36 个、20 个和 73 个，2017 年出现 O_3 浓度高值的城市明显增加。此外，338 城市 O_3 浓度日最大 8 h 平均第 90 百分位数为 78~218 μg/m³，平均为 149 μg/m³，同比上升 8.0%，较 2015 年上升 11.2%，O_3 浓度持续上升。2017 年，27 个省（自治区、直辖市）O_3 浓度同比升高 0.7%~34.8%，山西省增幅最大；贵州省持平；仅有北京、湖北、吉林 3 个省（直辖市）O_3 浓度有所降低，降低幅度 1.5%~3.0%。338 城市中，有 256 个城市（占 75.7%）O_3 浓度呈现上升趋势，其中 48 个城市 O_3 浓度同比增幅超过 20%；仅有 74 个城市 O_3 浓度呈现下降趋势。

2.3.2　三大重点区域 O_3 污染浓度变化特征

统计 2013—2017 年三大重点区域 O_3 浓度的最大值、最小值、平均值及第 20 百分位数和第 90 百分位数发现，京津冀地区 O_3 浓度各百分位数都呈上升趋势，且 2017 年第 90 百分位数上升最为明显；长三角地区 2015—2016 年 O_3 浓度最大值有降低趋势，但第 90 百分位数每年都略有上升；珠三角地区平均值 2015—2016 年较 2013—2014 年有所降低，2013—2015 年，各分位值有降低波动，但 2016 年最大值和第 90 百分位数略有上升，2017 年有更大抬升（图 2-9）。比较图 2-8 中 O_3 浓度统计结果可以发现，三大重点区域 O_3 污染变化趋势不尽相同，京津冀地区 O_3 浓度污染形势在三区中最为严重，三大重点区域 O_3 在 2017 年各分位浓度都有较大增长。

2.3.3　典型区域内不同城市 O_3 浓度变化差异特征

2.3.3.1　2013—2017 年天津市及廊坊市 O_3 浓度变化差异特征

2013—2017 年，天津市 O_3 浓度波动明显，各年 O_3 浓度日最大 8 h 平均第 90 百分位数分别为 151 μg/m³、157 μg/m³、142 μg/m³、157 μg/m³ 和 192 μg/m³，2017 年较 2013 年累计上升 27.2%（图 2-10）。O_3 达标天数从 2013 年的 334 d 降至 2017 年的 295 d，以 O_3

为首要污染物的天数从 2013 年的 20 d 上升至 2017 年的 111 d（图 2-11）。由此可见，天津市 O_3 浓度整体呈现上升趋势。

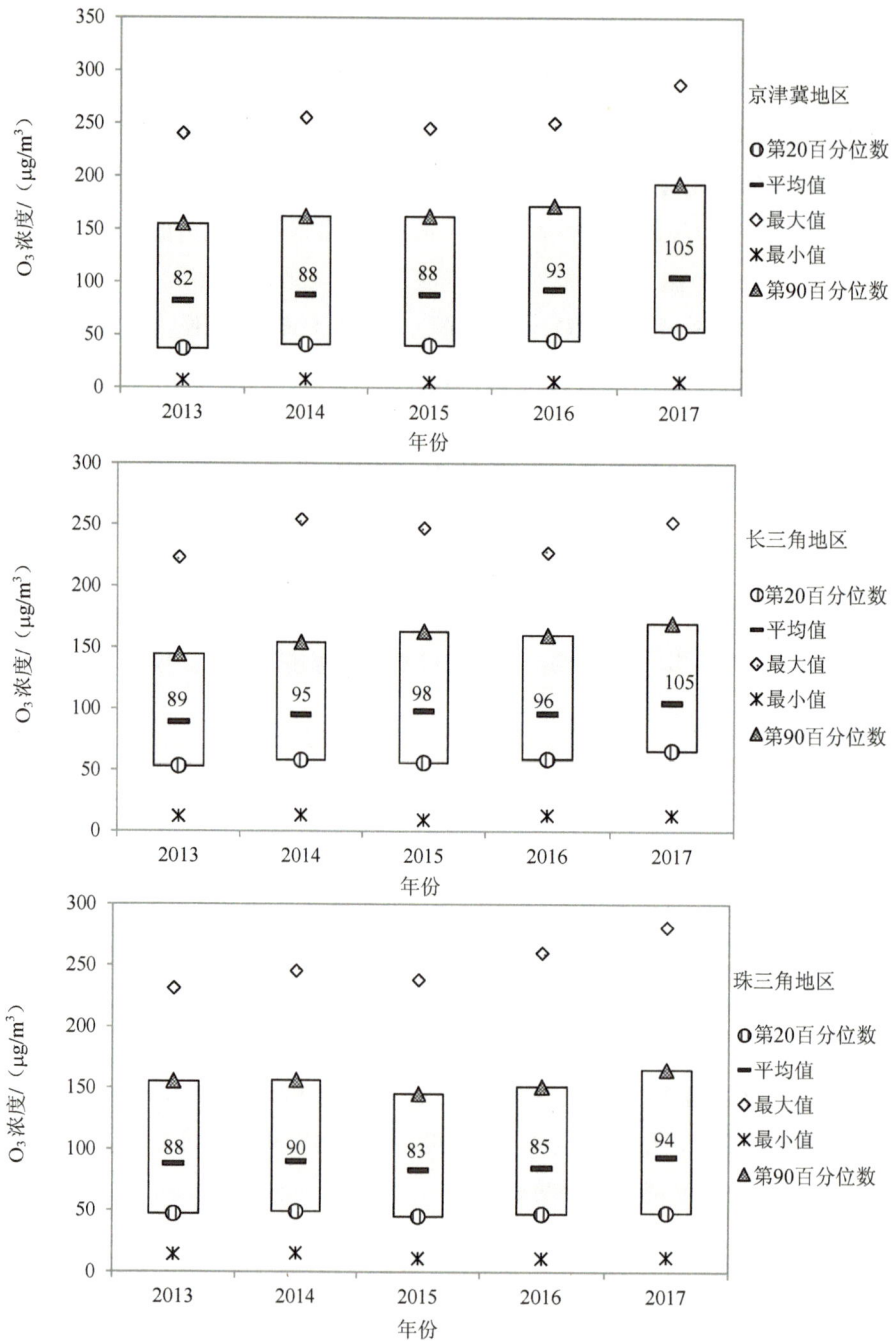

图 2-9　三大重点区域 2013—2017 年 O_3 浓度变化情况

图 2-10 天津市及京津冀地区 O₃ 浓度

图 2-11 天津市 O₃ 浓度达标天数年变化

与京津冀地区相比，2013—2017 年天津市 O₃ 浓度分别低于京津冀平均浓度 2.6%、3.1%、12.3%、8.7%和 0.5%，在京津冀 13 个城市中的排名（浓度由低到高）依次为第 6、第 4、第 4、第 3 和第 5。可见，天津市 O₃ 污染状况略轻于京津冀地区其他城市平均。

图 2-12 为廊坊 8 县（市）2014—2017 年臭氧 8 h 平均浓度（O₃-8 h）的第 10、第 20、第 30、第 40、第 50、第 60、第 75、第 80、第 85、第 90、第 95 百分位浓度、最小值、平均值和最大值对比分析。可以看出 O₃-8 h 的第 30、第 40、第 50、第 60、第 75、第 80、第 85、第 90、第 95 百分位浓度、最小值、平均值和最大值，2017 年较 2014 年均有所下降，其中 O₃-8 h 的第 60、第 75、第 80、第 85、第 90、第 95 百分位浓度呈现逐年下降趋势，4 年中 2016 年 O₃-8 h 的最大浓度最低。

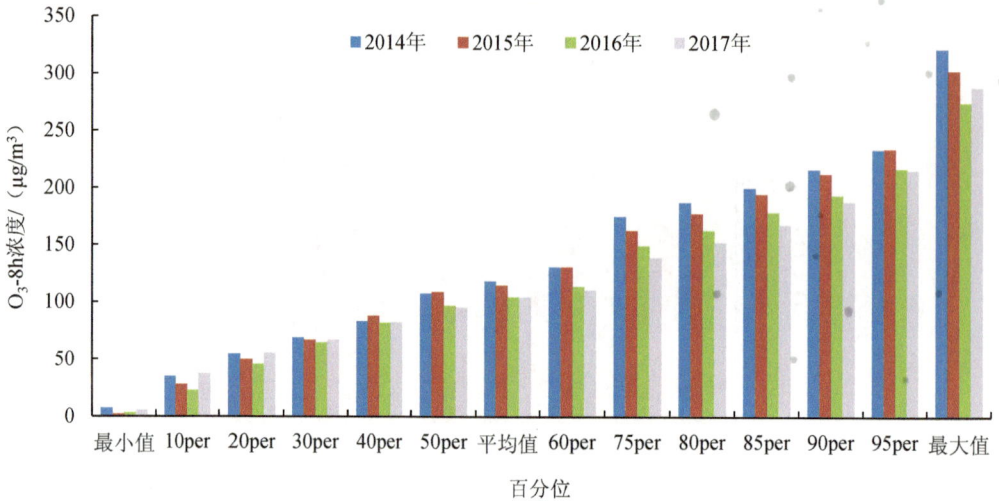

图 2-12　廊坊 8 县（市）2014—2017 年 O_3-8 h 百分位数值变化

廊坊 8 县（市）2014—2017 年 O_3-8 h 超标天数分别为 871 d、753 d、602 d、516 d，呈逐年下降趋势，平均每个县（市）每年减少 11 d O_3-8 h 超标日，并且 O_3-8 h 高浓度天数逐年减少。

廊坊市区 2013—2017 年 O_3-8 h 超标天数逐年变化情况如图 2-13 所示，分别为 19 d、45 d、47 d、62 d、73 d，整体呈逐年上升趋势，平均每年增加 13 d O_3-8 h 超标日，并且 2016—2017 年 O_3-8 h 浓度在 216～265 μg/m³ 和 266～800 μg/m³ 的天数明显增多，2016 年 O_3-8 h 浓度大于 215 μg/m³ 的天数占 O_3-8 h 超标天数的 17.7%，2017 年 O_3-8 h 浓度大于 215 μg/m³ 的天数占 O_3-8 h 超标天数的 46.6%。廊坊市区 2014—2015 年 O_3-8 h 超标天数少于其他 8 县（市）平均超标天数 1/2 以上，2017 年廊坊市区 O_3-8 h 超标天数比其他 8 县（市）平均超标天数多 8 d。

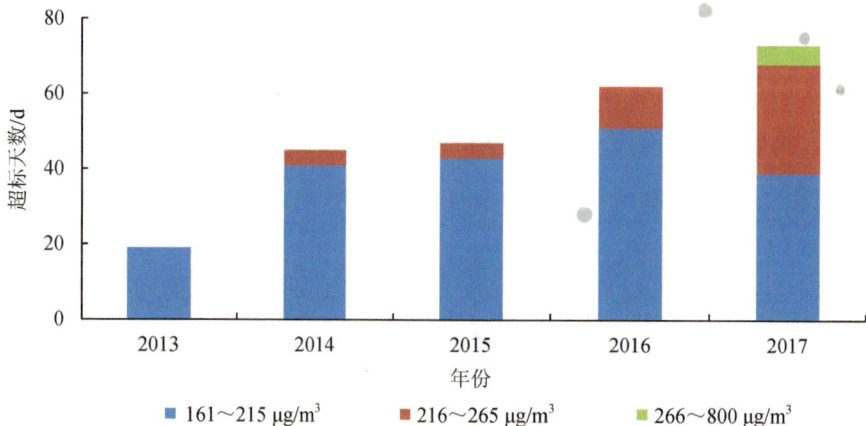

图 2-13　廊坊市区 2013—2017 年 O_3-8 h 超标天数逐年变化情况

2.3.3.2　天津市及廊坊市 O₃ 浓度季节变化差异特征

天津市每月 O₃ 浓度日最大 8 h 平均第 90 百分位数变化如图 2-14 所示，O₃ 浓度高值主要集中在 5—9 月，2013—2017 年 O₃ 浓度最高的月份分别是 6 月、7 月、5 月、6 月和 7 月。尽管夏季月份 O₃ 浓度较高，但春季 5 月的 O₃ 污染也不容忽视，因此 O₃ 污染防治应于春季提早开始行动。

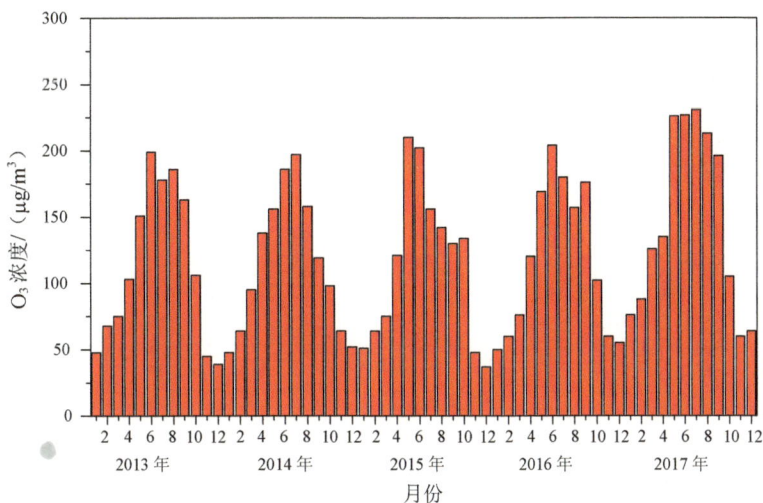

图 2-14　天津市 O₃ 浓度日最大 8 h 平均第 90 百分位数变化

天津市 O₃ 浓度季节变化明显，呈现夏季高、冬季低的特征，与其他城市季节变化特征相同。图 2-15 表明，天津市夏季 O₃ 浓度日最大 8 h 平均第 90 百分位数在 2013—2016 年波动不显著，2017 年显著升高，浓度从 2013 年的 188 μg/m³ 下降到 2016 年的 186 μg/m³，2017 年升高至 221 μg/m³；春季浓度逐年升高，从 2013 年的 115 μg/m³ 上升到 2017 年的 178 μg/m³；秋季浓度上升显著，从 2013 年的 126 μg/m³ 上升到 2017 年的 180 μg/m³。

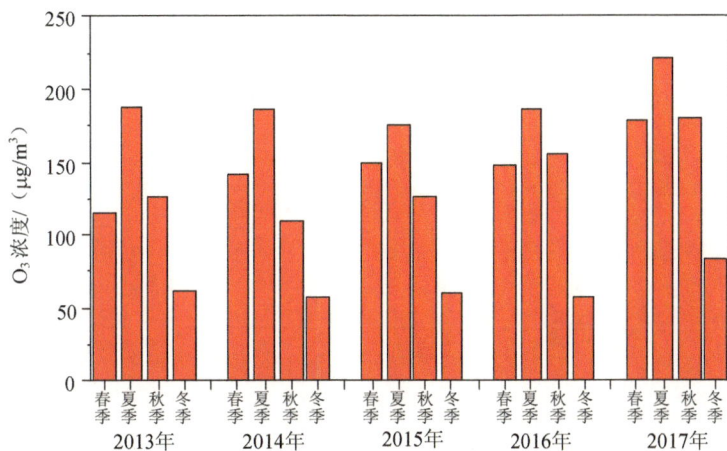

图 2-15　天津市 O₃ 浓度季节变化

　　廊坊地区 2014—2017 年 O_3 浓度日最大 8 h 平均第 90 百分位数 4 月开始出现较明显的上升，5—6 月达到峰值，10 月开始下降，冬季浓度较低。通过统计，廊坊市区及 8 县（市）2014—2017 年日最大 O_3-8 h 浓度大于 215 $\mu g/m^3$ 的天数，主要集中在每年的 4—10 月，分别出现 38 d、229 d、295 d、169 d、117 d、53 d 和 6 d，可以看出 5 月和 6 月廊坊地区较容易出现 O_3 污染。

第3章

典型地区大气 O_3 浓度及其前体物污染特征分析

　　由于我国尚未完成大气光化学观测网络的建设，尤其是对 O_3 生成相关的前体物和中间产物缺乏长期连续的观测数据，部分科研单位虽然在个别点位上开展过一些包含较多要素的研究，但数据质量难以保证，不能完整地反映我国大气 O_3 污染状况、演变特征与来源成因。有关 O_3 生成机理及与前体物之间的关系研究资料，大部分来源于科研机构和高校的不连续片段式研究，缺乏系统性和针对性。尤其是对光化学氧化剂、中间产物、衍生物及光化学反应重要前体物挥发性有机物（VOCs）物种观测缺乏统一指导和技术规范，使得对 O_3 生成机制的研究和应用总体处于探索阶段。再加上 O_3 生成对前体物敏感机制随时空变化差异显著，使得关于 O_3 生成机制的研究结果应用受到一定限制。

　　我们利用现有观测站点建立分层综合观测体系，在典型地区开展大气 O_3 综合强化观测，通过常规站点 O_3 及其前体物浓度观测数据，分析 O_3 与前体物及气象参数关系；在典型区域布设加强站点，分析典型区域 O_3 前体物 VOCs、NO_x 等及光化学污染指示物过氧乙酰硝酸酯（PAN）、HNO_3、HCHO、H_2O_2 等的浓度变化特征，基于强化观测资料，结合气象分析研究区域尺度上 O_3 重污染及各污染物的同步特征，探究典型区域光化学污染形成机理及发生发展过程、O_3 浓度变化规律及其大气氧化性对大气重污染过程的影响，为模式验证提供数据。筛选典型重污染过程个例，为数值模拟和烟雾箱实验提供目标。探究不同区域 O_3 重污染形成的关键控制因素，研究 VOCs 的 O_3 生成潜势，为追踪 O_3 污染传输提供数据基础。

3.1 O₃综合观测方案制定

本节主要介绍综合观测方案和研究方法，包括综合观测方案中典型地区的选择和确定、观测点位的布设原则及点位介绍、观测时间、观测项目、观测方法，以及 O_3 生成潜势计算方法和 VOCs 来源解析方法。

3.1.1 典型地区的选择和确定

我国 O_3 日最大 8 h 平均浓度高的站点集中在京津冀及周边和长三角地区，而最高的站点分布在京津冀及周边，因此本书选择京津冀地区作为加强观测站点布设范围。

3.1.2 观测点位的布设原则及点位介绍

我国中东部地处东亚季风区，夏季主要受亚洲夏季风的影响，尤其是西北太平洋副热带高压及南亚低压，决定了华北及东南部地区的边界层气流主要来自西南、南和东南。随着副热带高压的位移，气流来向会有所波动。在华北平原地区光化学污染易发期（4—10 月），地面和 925 hPa 高度平均受较小的西南风影响。华北平原边界层气流除了受大气环流影响还受西侧太行山和北侧燕山山脉的显著影响。在大背景气流和山地-平原效应的共同作用下，华北平原许多地点具有西南-东北主导风向的昼夜变化，夏季尤其明显。上述气流特征使得北京以南地区的污染物容易在白天（尤其是午后）向北京方向输送，并在输送路径上通过光化学反应形成 O_3 等二次污染物，同时向北输送的污染还可能在夜间向偏南方向回流。因此，需要将北京作为汇聚点，在其以南的西南、正南和东南方向布设观测点，开展多点位同步加强观测。按照夏季主导风向轨迹，在石家庄—保定—北京、德州—沧州—北京及天津—廊坊—北京 3 个输送通道上分别布设加强观测点，开展加强观测，获取输送通道上的观测资料。

按照点位设计原则，最终选取了怀柔和天津站点作为东南通道布设点位；地处华北核心地带的河北中部饶阳和山东北部德州两个站点为中部传输通道的布设点；北京市区和保定站点为西部传输通道布设点位，基本围绕这 6 个点位开展加强观测（部分内容引入怀柔镇数据作为参考）。

（1）怀柔站点

怀柔站点位于北京市怀柔区中国科学院大学（简称国科大）雁栖湖校区，地处北京北部郊区，位于城区东北方向，距离北京城区约 60 km。该站点东侧是少量居民住宅区，西侧是雁栖湖景区，北侧是森林覆盖率较高的山区，西南面是亚太经济合作组织（APEC）会议场馆。该站点基本可反映北京市北部郊区大气环境状况。同时段北京市其他站点数据来源于北京生态环境监测中心站实时发布数据平台（http://zx.bjmemc.com.cn/getAqiList.shtml?

timestamp=1723778948124）。

（2）天津站点

天津站点位于南开区天津市生态环境监测中心四楼楼顶，距地面约 15 m，周边无明显局地污染源。北侧 50 m 为交通较为繁忙的复康路，南侧 30 m 为 7 层高楼。东西方向较为开阔，无遮挡物，西南方向 20 m 为南开大学附属小学，东侧为绿化带。

（3）饶阳站点

饶阳站点位于饶阳县气象站新站址，地处饶阳县城东南方向的农业区，离县城边缘的直线距离约 1.5 km，仪器安装位置西侧约 0.3 km 处为 302 省道。饶阳地处河北省中南部，属于华北平原核心地区，位于衡水市区正北方向，距衡水市区和北面的保定市区约 60 km，距西面的石家庄市区和东面的沧州市区约 100 km。

（4）德州站点

德州站点位于德州城区德州二中校园里的一栋楼楼顶，周边主要为文化设施和商业服务业。德州地处山东西北部，位于济南西北侧，距济南市区约 70 km，距离西北方向的衡水市区约 60 km。德州为山东的地级市，全市人口规模约 580 万，其中城区人口约 100 万。德州市经济以第二产业、第三产业为主，能源生产、空调设备制造、汽车零部件生产、制糖和粮油食品加工方面比较发达。

（5）北京市区站点

北京市区站点位于中国科学院生态环境研究中心环境技术楼楼顶（高约 20 m），该采样点周围主要是居民区和教学区，远离工业源及农业源，可作为城市地区的典型代表。

（6）保定站点

保定站点为中国科学院生态环境研究中心农村环境研究站（河北保定农村站点），地处华北北部，位于河北省保定市望都县东白陀村农田内，该地区夏季炎热多雨，为半干旱季风气候，且远离市区，周围植物以农作物为主，可作为华北农村区域环境大气的代表，与北京站点相距约 170 km。

3.1.3　观测时间

城市站 O₃ 浓度月际变化分布表明 O₃ 污染高发月份为 5—8 月，且 O₃ 浓度均值最高的为 6—7 月，因此针对 O₃ 污染相关研究的强化观测拟在最易出现 O₃ 浓度峰值的 6—7 月开展，针对 PM₂.₅ 污染相关研究的强化观测拟在 PM₂.₅ 最易出现连续重污染的 1 月开展。综上所述，定于 2016 年夏季进行为期 40 d 左右的强化观测，于 2016 年冬季进行为期 30 d 左右的强化观测。

3.1.4　观测项目

针对研究目的及要求，分别对传输通道监测站点的 O₃、NO/NO₂、CO、SO₂、PM₁₀、

NO_x、NO_y、VOCs、PAN、HNO_3、HCHO、NH_3、H_2O_2、$PM_{2.5}$ 及其化学组分、光解速率常数及温度、湿度、太阳辐射等气象条件开展强化观测。

3.1.5　观测方法

3.1.5.1　常规气体及颗粒物的观测

（1）氮氧化物的在线监测

采用氮氧化物自动测定仪 NA-721 型和 NA-722 型对大气环境中的氮氧化物进行测定（表 3-1）。采用化学发光法对大气环境中 NO 浓度进行自动连续测定，其原理为：利用内置 O_3 发生器所产生的 O_3 与试样大气中的 NO 进行反应，生成激发态的 NO_2，当激发态的 NO_2 恢复到基态时，多余能量以光能形式发出（化学发光），通过测定化学发光的强度，就能测出试样大气中的 NO 浓度。

表 3-1　观测仪器信息

仪器型号	NA-721 型	NA-722 型
测定对象	NO_2、NO、NO_x	NO_y、NO_x、HNO_3
测定原理	化学发光法	
测定范围	0～1 ppm（标准）	
最小检测界限	1 ppb 以下	

为保证数据质量，本仪器采用过滤器滤去 600 nm 以下波长，以除去如烯烷等其他物质的化学发光影响；采用电子冷却元件冷却光电面，防止 900 nm 以上红外线的变动影响。在光电测光部，采用微弱光也能得到高灵敏度的光电倍增管（PMT）。大气中的水分则通过采样流路的除湿器而除掉。

（2）O_3 浓度在线监测

采用仪器 OA-781 型对大气环境中的 O_3 浓度进行测定，原理为紫外吸收法（表 3-2）。O_3 在紫外线波长 254 nm 附近达到最大吸收，大气中共存的 CO、CO_2、NO 和 NO_2 等不吸收该波长紫外线，因此，对测定结果没有影响。来自紫外灯的光经过滤光片产生单波长紫外线光作为测定光，样气中 O_3 吸收紫外线导致光强度有所变化，通过测定其变化值，可换算出 O_3 的浓度值。

表 3-2　观测仪器信息

仪器型号	OA-781 型
测定对象	大气中的 O_3 浓度
测定原理	紫外吸收法（日本国标 JIS-B7957）
测定范围	0～1.0 ppm（标准）
最小检测度	1 ppb 以下

（3）二氧化硫（SO_2）在线监测

采用纪本公司 SA-731 型监测仪对大气环境中 SO_2 进行快速在线监测，原理为紫外荧光法。气体中的 SO_2 由于吸收了紫外线，形成激发状态的 SO_2^* 而发出荧光，通过测定荧光的强度，就能算出 SO_2 浓度。本测定仪通过带通过滤器（band-pass filter）对 Zn 灯的 213.8 nm 光谱线选光，使 SO_2 被激发。被激发状态的 SO_2^* 在 $250 \sim 420$ nm 频率发出荧光，这些光通过光学过滤器，由光电增倍管放大后被检测出来；光源强度的变化，根据比较检出器检出的值，自动进行修正计算，观测仪器信息见表 3-3。

表 3-3　观测仪器信息

仪器型号	SA-731 型
测定对象	大气中 SO_2
测定原理	紫外荧光法（日本国标 JIS-B7952）
测定范围	$0 \sim 0.5$ ppm（标准）
最小检测度	1 ppb 以下
干扰影响	4 ppb 以下（甲苯 1 ppm）

（4）一氧化碳/二氧化碳（CO/CO_2）在线监测

采用纪本公司 CA-752 型一氧化碳/二氧化碳监测仪对大气环境中二氧化碳和一氧化碳进行测定，其原理为非分散红外吸收法（NDIR）。被测气体分子因其自身携带特有的原子振动，可吸收与此振动频率对应波长的光，在压力一定的情况下，吸收强度对应气体浓度。非分散红外吸收法就是采用这个原理，通过监测一氧化碳可吸收的 4.7 μm 附近的红外线光的吸收来测定一氧化碳的浓度，观测仪器信息见表 3-4。

表 3-4　观测仪器信息

仪器型号	CA-752 型
测定对象	室内空气中的 CO 及 CO_2
测定原理（CO）	采样切换方式非分散红外吸收法（NDIR）
测定范围（CO）	$0 \sim 20/50$ ppm
测定原理（CO_2）	带有自动背景校正的非分散红外吸收法（NDIR）
测定范围（CO_2）	$0 \sim 2000$ ppm

（5）大气颗粒物及其化学组分在线监测

采用纪本公司 PM-712 型、PM-714 型微小颗粒物自动测定仪（表 3-5）分别对大气中的细颗粒物、超细颗粒物和可吸入颗粒物进行监测。微小颗粒物自动测定仪是利用 β 射线吸收方式来连续测定环境大气中微小颗粒状物质（$PM_{2.5}$ 和 PM_1）的自动测定仪。β 射线吸收法的原理是，放射性同位元素碳 14（^{14}C）衰变时产生的 β 射线（电子）通过物质时，物质中的原子状态受到激发而产生电离，因自身动能的损失，对原子核电场的影响使电子运行轨道发生变化，从而伴随电磁波的发出而产生能量的损失。这种能量损失（吸收系数）与单位面积测定对象的质量成比例，从 β 射线强度的衰减可求出颗粒物的质量浓度。

表 3-5　观测仪器信息

仪器型号	PM-712 型	PM-714 型
测定对象	$PM_{2.5}$[DRY]、$PM_{2.5}$[WET]、$PM_{2.5\sim10}$[WET]、PM_{10}[WET]、$PM_{2.5}$[OBC]、$PM_{2.5}$[H_2O]	PM_1[DRY]、PM_1[WET]、$PM_{1\sim2.5}$[WET]、$PM_{2.5}$[WET]、PM_1[OBC]、PM_1[H_2O]
测定原理	$PM_{2.5}$ 及 PM_{10}：β 射线吸收法 OBC：反射型光散射法	$PM_{1.0}$ 及 $PM_{2.5}$：β 射线吸收法 OBC：反射型光散射法
测定范围	$PM_{2.5}$：0～1000 μg/m³ PM_{10}：0～5000 μg/m³ OBC：0～20 μg/m³	$PM_{2.5}$：0～1000 μg/m³ PM_{10}：0～5000 μg/m³ OBC：0～10 μg/m³
分辨率	0.1 μg/m³	0.1 μg/m³

3.1.5.2　VOCs 及其主要组分的观测

（1）VOCs 组分监测

使用 TH_PKU-300 型挥发性有机物快速在线监测仪器分析 VOCs 组分，原理为气相色谱-氢离子火焰检测/质谱法（GC-FID/MS）。每小时分析一个样品，分析过程包括样品采集、热解析、GC-FID/MS 分析和加热反吹四个步骤。每个整点开始采集样品，采样时间 5 min，流量为 60 mL/min，空气样品分两条通道进入超低温预浓缩系统，在 –150℃ 下被冷冻富集在捕集柱上；然后进入热解析状态，捕集柱加热到 100℃，样气在载气吹扫下分两条气路进入分析检测系统；GC-FID/MS 分析过程中，化合物经过色谱柱被分离进入检测器，火焰离子检测器（FID）检出 $C_2\sim C_5$ 的碳氢化合物，MS 检测器检出 $C_5\sim C_{10}$ 的挥发性有机物。预浓缩系统在热解析结束后需加热反吹，去除系统未解析物质，减少干扰。

（2）大气中醛酮类化合物的采样和分析方法

大气中醛酮类化合物的采样和分析方法主要参照 USEPA TO-11 标准方法，采用 2,4-二硝基苯肼（DNPH）衍生的硅胶小柱进行大气醛酮类化合物的采样，使用高效液相色谱（HPLC）进行分析。将 DNPH 涂敷在吸附剂（通常为硅胶柱或 C_{18} 柱）上，在采样过程中对大气中醛酮类化合物进行衍生，经溶剂洗脱固体吸附的衍生物样品后，采用 HPLC 进行衍生样品成分分离，使用二极管阵列检测器进行定性定量分析。该方法采样方便、吸附效率高、样品易保存、检测仪器经济、方法灵敏度高。

样品经过 KI 吸附柱后再通过硅胶吸附柱，大气样品中醛酮类化合物与 DNPH 反应形成 2,4-二硝基苯腙而吸附在硅胶吸附柱上。KI 具有还原性可以将大气中的 O_3、NO_2 消除，防止 2,4-二硝基苯腙被大气中 O_3、NO_2 氧化，导致检测负误差。用两个串联的 DNPH 涂敷的硅胶吸附柱采样，分析前后两个吸附柱吸附醛酮的量，并进行吸附效率计算。采样后，立刻用硅胶管密封硅胶柱两端置于冰箱内储存，并尽快将样品分析测试完。测试前要对样品进行前处理，首先，使用乙腈洗脱采样后硅胶柱上的衍生产物并将洗脱液定容至 5.0 mL，然后采用 HPLC 分离各种醛酮的二硝基苯腙，使用二极管阵列检测器在 360 nm 处进行分析检测。本方法一次性洗脱效率为 99%～100%。此外，在采样中携带两个现场空白柱，每次样品检测数据都减去了现场空白值，以扣除运输、储存、采样过程所带来的污染。

标准样品为美国 Supelco 公司生产的包含 15 种醛酮类化合物苯腙标准样品的 TO-11 混合标准样品，包括甲醛、乙醛、丙酮、丙烯醛、丙醛、丁烯醛、正丁醛、苯甲醛、异戊醛、正戊醛、o-甲基苯甲醛、p-甲基苯甲醛、m-甲基苯甲醛、正己醛、2,5-二甲基苯甲醛 15 种醛酮化合物苯腙衍生物。标样各醛酮类化合物苯腙浓度为 15μg/mL。流动相乙腈来自 Fisher 公司。DNPH（分析纯）由北京试剂总厂生产。吸附柱为 Waters 公司生产的 Sep-pek 硅胶柱。涂敷 DNPH 后采用高纯氮气吹干涂敷过的硅胶柱。

HPLC 为 Alliance 2695 HPLC/Q-TOF MS（Waters，USA），色谱分离柱为 Thermo ODS Hypersil C₁₈（5 μm，250 mm×5.0 mm）液相色谱柱。微型气泵（KNF Neuberger，Germany）用于大气采样，稳压器（PS-305D，Lwdqgs 公司）用作户外电源。

（3）大气中非甲烷总烃（NMHCs）的采样和分析方法

除上述设备外，本书还采用自主研发的大气中挥发性有机物低温气相色谱分析系统测定大气 NMHCs 的浓度。该系统主要包括制冷单元、采样单元、分离单元和检测单元。制冷单元是一台使用多种制冷剂进行降温的制冷机，其最低温度可达−120℃，制冷机的尺寸为 450 mm×520 mm×870 mm（W×D×H）。制冷机的作用主要是对采样单元和分离单元降温。采样单元包括一根富集管和一根聚四氟乙烯材质的除水管（6 mm O.D，长 150 mm）。富集管和除水管的外部缠绕加热丝后与铝块紧密相连，其温度通过 PT-100 热电偶进行测定并使用温控器控制。分离单元主要由毛细管色谱柱构成，其与柱子支撑铝块间缠有加热丝，也采用 PT-100 热电偶测定温度。所有的单元都可以单独控制温度，如在富集管降温的时候可以对分离单元进行加热。富集管内填满吸附剂（Carbopack™ B，60/80 mesh），并与六通阀相连作为进样所用的定量环。富集管的温度从 −110℃到 220℃所需时间仅需数十秒。检测器为 FID，检测温度为 250℃，并使用 N₂ 作为尾吹气。

当所有的温控单元满足样品采集所需条件后，NMHCs 标准样品或实际大气样品在采样泵的带动下通过富集管，采样流速由电子质量流量计进行控制。当富集结束后，通过富集管周围缠绕的加热丝将其快速加热到 100℃，并保持 6 min，转动六通阀，热解析出的 NMHCs 在载气（N₂）的作用下进入毛细管柱进行分离。在分析物进入毛细管色谱柱后，将富集管的温度升至220℃，维持 10 min，并持续通 60 mL/min 的 N₂ 反吹（气流方向与采样方向相反）净化富集管。在反吹结束后，停止对加热丝加热，富集管开始降温，为下一个样品富集做准备。经毛细柱分离后的 NMHCs 在不同时间流入 FID，产生与碳原子数含量成正比的信号。每种目标化合物根据其保留时间定性，并采用多点外标曲线定量。

标准气体为 Linde SPECTRA Environmental Gases（Alpha，NJ）生产的包括 57 种 NMHCs 的混合标样，标样中包括乙烯、乙炔、乙烷、丙烯、丙烷、异丁烷等。标样中各物质浓度为 1 ppm。采用动态稀释的方法使用高纯 N_2 将标准气体稀释成接近实际大气浓度的标准样品（1.0～30.0 ppb）。按照上述采样过程，采集稀释到不同 NMHCs 浓度的标准样品，分析峰面积与含量之间的线性相关性。为了防止大气样品中高反应活性的 NMHCs 在采样过程中损失，在富集前通过 Na_2SO_3 管去除样品中的 O_3 等氧化剂（Na_2SO_3 管 2 d 更换一次）。

（4）非甲烷总烃、甲烷和总碳氢化合物（NMHCs、CH_4、THC）在线监测

采用纪本公司 HA-771 型非甲烷碳氢化合物自动测定仪（表 3-6）对大气环境中的非甲烷总烃、甲烷、总碳氢化合物进行测定。非甲烷碳氢化合物自动测定仪使用装配 FID 的气相色谱法，可同时高精度连续自动测定 NMHCs、CH_4、THC。其原理为利用 FID 用氢气作为燃烧气，其中掺有氦气、氮气等洗脱剂，在一个圆筒状电极里的喷嘴处燃烧，喷嘴与电极间电压高达几百伏，当含碳溶质在喷嘴处燃烧时，产生的电子/离子对被喷嘴和电极处收集在一起，并产生电流，该电流被放大并传送到记录仪或电脑数据采集系统的模拟数字转换器（A/D），通过信号转换测定烃类浓度。

表 3-6　观测仪器信息

仪器型号	HA-771 型
测定对象	环境大气中的碳氢化合物（NMHC、CH_4、THC）
测定原理	氢火焰离子检测器气相色谱法（JIS-B7956）
测定范围	0～5/10/20/50 ppm

（5）VOCs 监测数据的质量控制

虽然不同站点观测 VOCs 使用的仪器有所不同，但都对监测数据进行了质量控制与保证。本节主要从仪器响应的线性、内标以及外标的标定跟踪等方面对在线监测与离线监测两种 VOCs 监测方法开展 VOCs 监测数据质控，并基于质控结果开展 VOCs 自动监测结果校准。

1）在线监测数据质量控制：

①VOCs 组分在线监测数据质量控制。北京怀柔站点使用的 TH_PKU-300 型挥发性有机物快速在线监测仪器基于内标法、外标法和多点标定对仪器进行质控。观测实验采用了光化学评估监测网络（PAMS）标准气体对仪器进行了标定。可检出 99 种 VOCs，包括 29 种烷烃、11 种烯烃、16 种芳香烃、乙炔、28 种卤代烃、14 种含氧挥发性有机物（OVOCs，包括醛类、酮类、甲基叔丁基醚、乙腈）和其他。物种之间的检测限不同，范围为几十到几百 ppt。每日 00:00 插入一个外标样品对 VOCs 进行定性定量分析，校正每日数据的保

留时间。每个样品分析时均插入内标化合物（包括溴氯甲烷、1,4-二氟苯、氘代氯苯-d₅、1-溴-4-氟苯）跟踪质谱工作状态，进行内部校准。

②NMHCs 在线监测数据质量控制。为了防止高反应活性的 NMHCs 在采样过程中损失，大气样品在富集前通过 Na₂SO₃ 管去除所含的 O₃ 等氧化剂（Na₂SO₃ 管 2 d 更换 1 次）。每种目标化合物根据其停留时间定性，并采用多点外标曲线定量。

2）离线监测数据质量控制：

所有空气采样罐（Summa 罐）样品都在采集一周内完成分析，每分析 5 个样品中间插一个空白样品和 1 ppb 的 PAMS 标准样品。采用 PAMS 标准气体、TO-15 以及含氧 VOCs 标准气体对样品中的 VOCs 进行定性和定量，仪器每分析 5 个样品加插 1 个氮气样和 1 个 ppb 的 PAMS 标准气体样品的分析，用来跟踪评估仪器响应的稳定性和准确性。样品分析严格按照实验室操作规范和分析仪器的标准程序进行。

3.1.5.3　中间产物的观测

（1）PAN 的检测与分析方法

过氧乙酰硝酸酯和其他的过氧酰基硝酸酯类物质是大气中重要的氧化剂，对城市和区域环境空气质量有重要的影响，并在对流层化学过程中扮演着重要的角色。过氧酰基硝酸酯类物质均不稳定，受热容易分解，在室温下就能以相当快的速度分解。但 PAN 在低温时比较稳定，使 PAN 能随气流进行远距离迁移，可作为奇氮化合物的存贮库随着大气循环迁移至遥远的地方，并以 NO₂ 的形式释放 NOₓ，进而影响偏远地区对流层的 O₃ 浓度。因此，PAN 的远距离传输可能影响偏远地区大气的氧化性。

环境中的 PAN 由大气中的挥发性有机物（VOCs）和氮氧化物（NOₓ）反应生成，具有与 O₃ 类似的复杂化学形成过程。因此，PAN 和 O₃ 均是发生光化学污染的重要指示剂。开展空气中 PAN 的监测，有利于认识城市大气光化学污染状况、变化趋势以及影响因素，为评价区域大气环境质量提供原始数据。

由于大气中 PAN 的浓度低，一般在 ppb 级，而且 PAN 的稳定性差，常温易分解，在碱性环境下会发生水解，所以大气中 PAN 的检测比较困难，这也是目前国内对 PAN 研究很少的原因之一。最早用于测定大气中 PAN 的红外光谱法使用的测定设备需要长达近千米的光路，体积十分庞大，且灵敏度低，不能区分 PAN 系列物质，基本已被淘汰。而最新用于测定大气中 PAN 的化学离子质谱（chemical ionisation mass spectrometric，CIMS）方法虽然具有极好的物质分辨能力和极高的灵敏度、检测限低、样品分析迅速等优点，但是由于仪器昂贵，应用也不多。

气相色谱（GC）技术是公认的、应用性最强的测定 PANs 的方法。色谱技术的应用，使仪器的体积变小，方便携带，其配备的电子捕获检测器（ECD）灵敏度也很高。因此 GC-ECD 系统是当前快速、准确测定 PANs 的常用工具。最早用来分离 PANs 的填充极性聚乙二醇的色谱柱需要较高的载气流速，形成的色谱峰较为宽平，分析时间较长，因此，现在大多利用毛细管色谱柱测定 PANs，毛细管色谱柱体积小，保留时间短，具有较低的载气流速和较高的检测灵敏度，分析时间短。

由于利用 GC-ECD 测定 PANs 还需要 PANs 的合成与标定的装置，目前我国利用 GC-ECD 测定 PANs 的仪器主要为进口现成仪器，价格十分昂贵，亟待建立具有我国独立自主知识产权的相关仪器检测方法。

本次观测建立了一套快速、准确、可靠的大气环境中 PAN 的检测以及合成和标定的方法。采用装有 ECD 的 HP-5890 气相色谱仪对大气中的 PAN 进行分析，利用 HP-3392 积分仪对色谱峰面积进行积分。采用内径为 2 mm 的聚四氟乙烯管以 1.5 L/min 的流速采集大气。使用六通阀、0.5 mL 不锈钢采样环，每 30 min 进一次样。采样环中的气样随载气（He）进入色谱柱，随后与补助气（N_2）一起进入 ECD。经过一系列实验，确定最佳色谱条件如下：色谱柱温度为 20℃，检测器温度为 38℃，载气的流速为 8 mL/min，补助气的流速为 54 mL/min。在最佳色谱条件下对 PANs 标气样和实际大气样进行 GC 分析，DB-1 色谱柱对大气中的 PAN 与过氧丙酰硝酸酯（PPN）有着很好的分离效果。同一浓度 PAN 标气色谱峰面积的变异系数为 2.9%（$n=10$），说明该方法在测定 PANs 时的稳定性比较好。

（2）气态亚硝酸（HONO）的监测与分析

HONO 是大气中重要的痕量含氮物种，是大气中 OH 自由基的主要来源之一，贡献率达 30%～80%。由于 OH 自由基具有很强的氧化能力，能与对流层中大多数痕量气体发生反应，因此 HONO 通过产生 OH 自由基在大气光学中发挥着重要的作用。

HONO 的测定方法主要有长光程吸收光度法（LOPAP）、差分光学吸收光谱法、扩散管方法、激光诱导荧光法、傅里叶变换红外光谱法等。LOPAP 是目前准确测量 HONO 的成熟方法，LOPAP HONO 分析仪应用湿化学取样和光学检测方法进行原位在线测量气体中 HONO 含量，0.06 mol/L 的磺胺和 1 mol/L 的盐酸混合溶液将 HONO 转化成具有颜色的偶氮染料，通过利用紫外吸收原理检测偶氮染料的吸光度来计算样品中的 HONO 浓度。LOPAP 采用双通道模式来减少干扰物质对测量的影响，LOPAP 的检测限为 1～5 ppt。这种方法的优点是响应快、检测限低，缺点是需要很长的光程路径，而且价格昂贵。

（3）NO_x、O_3、NO_y 和 H_2O_2 的分析方法

本书中采用美国 Thermo 公司生产的 Model 42i NO-NO2-NOx 分析仪、Model 49i O3 分析仪和 Model 42i NOy 分析仪分别测定大气 NO_x、O_3 和 NO_y 的浓度变化。H_2O_2 浓度采用两种方法，一种是利用德国 Aero-Laser GmbH 公司生产的 A-2021 H_2O_2 分析仪进行测定，另一种是利用雾液吸收采样法和高效液相色谱法进行测定。

3.1.5.4　其他观测项目

（1）无机元素分析

利用美国热电公司 ICP 9000（N+M）型等电感耦合等离子体质谱法（ICP-MS）分析 13 种无机元素，包括 Al、Ca、Cr、Cu、Fe、K、Na、Mg、Mn、Si、Pb、Ti、Zn。

1）HNO₃-H₂O₂-HF 混合酸密闭消解法。对采集的膜样品采用 HNO₃-H₂O₂-HF 混合酸密闭消解方法进行消解，具体方法如下：将样品剪碎放入样品罐中，在样品中加入 6 mL 的 HNO₃、2 mL H₂O₂以及 0.1 mL HF，放入烘箱，在 180℃下密闭消解 12 h，消解完成后，待样品冷却至室温，将消解液转移至已称重的样品瓶内，使用超纯水定容，称量后确定溶液质量。样品使用 ICP-MS 进行元素分析，根据样品的采样体积可计算出大气中各个元素的浓度。

2）碱熔法。取部分负载大气颗粒污染物（25%）的滤膜样品于镍坩埚中，放入马弗炉，从低温升至 300℃，恒温保持约 40 min，再逐渐升温至 530～550℃进行样品灰化，保持恒温 40～60 min 至灰化完全（样品颜色与土壤样品相似）。取出已灰化好的样品，冷却至室温，加入几滴无水乙醇润湿样品，加入 0.1～0.2 g 固体 NaOH，放入马弗炉中在 500℃下熔融 10 min，取出坩埚，放置片刻，加入 5 mL 热水（约 90℃），在电热板上煮沸提取，移入预先盛有 2 mL50% HCl 的塑料试管中，用少量 0.1 mol/L 的 HCl 多次冲洗坩埚，将溶液洗入试管中并稀释至 10 mL，摇匀并待测，同时做空白实验。

3）测试中的质量控制。高低含量标准溶液：用试剂空白做低含量标样，将水系沉积物国家一级标样（GSD 系列）与样品同时处理，所得溶液做高含量标样。仪器检出限：Na（0.004 ppb）、Mg（0.0003 ppb）、Al（0.0007 ppb）、K（0.01 ppb）、Ca（0.048 ppb）、Si（0.056 ppb）、Cr（0.001 ppb）、Mn（0.0006 ppb）、Fe（0.009 ppb）、Cu（0.0004 ppb）、Zn（0.001 ppb）、Pb（0.0002 ppb）、Ti（0.0001 ppb）。校准曲线：用制成的高、低含量标样进行标准化处理后，制作待测元素校正曲线。仪器漂移校正：采用多次标准化校正仪器的漂移，具体方法是每次测量 10 个样品后，重新进行标准化处理，校正仪器。并以水系沉积物（GSD-6）为质控样，测定结果与标准推荐值对照，以保证测定结果的可靠性。

（2）碳元素分析

采用纪本公司 APC-710 型有机气溶胶自动测定仪（表 3-7）对环境大气中的有机碳（organic carbon，OC）和元素碳（elemental carbon，EC）浓度进行连续测定。其原理为光学测定（非破坏性分析），向采集面照射近红外线和紫外线，利用捕集到的 OC 和 EC 对光吸收和散射的特性，测定近红外线和紫外线透过光和反射光的衰减度，可实现对 OC 和 EC 每小时连续自动监测。

表 3-7　观测仪器信息

仪器型号	APC-710 型
测定对象	环境大气 PM₂.₅中的有机碳[OC]（PM₂.₅[OOC(TUV-TIR)]） 环境大气 PM₂.₅中的元素碳[EC]（PM₂.₅[OEC(SIR)]）
测定原理	利用特氟龙滤纸捕集试样，测定近红外线和紫外线照射后透过光和反射光的衰减度
测定范围	OC：0～50 μg/m³；EC：0～20 μg/m³

（3）离子分析

利用美国戴安公司的 ICS-1100 型和 ICS-1000 型离子色谱仪分别测量颗粒物中主要阴阳离子，其中，ICS-1100 型分析 Cl^-、NO_3^-、SO_4^{2-}，ICS-1000 型分析 Na^+、NH_4^+、K^+、Mg^{2+}、Ca^{2+}。

1）样品前处理。离子色谱常用的样品前处理方法是用水和淋洗液直接浸提，为了提高固体样品中离子溶解速度，采用在超声波下提取的方法。裁剪 1/4 载有采集样品的膜置于 50 mL 离心管中，使用移液枪加入 10 mL 高纯水，使带有样品的一面朝下以保证超声萃取效率。超声提取 20 min 后，用 0.22 μm 的滤头过滤液体，并定容到 10 mL，然后使用离子色谱仪测量水溶性离子组分浓度。

2）样品分析。样品处理完成后使用离子色谱仪进行分析，该仪器由并联双柱塞溶液传输单元、色谱柱柱温箱、检测器、系统控制器等部分组成，主要应用于待测样品中阴阳离子的测定。以测定阴离子为例，样品溶液进入离子色谱仪后，由于待测阴离子对低容量强碱性阴离子交换树脂（交换柱）的相对亲和力不同而彼此分开。被分离的阴离子随淋洗液流经强酸性阳离子树脂（抑制柱）时，被转化为相应的高电导酸，淋洗液组分（碳酸钠、碳酸氢钠）则转变成电导率很低的碳酸（清除背景电导），用电导检测器测定转变为相应酸型的阴离子，与标准溶液比较，根据保留时间、峰高或峰面积分别定性、定量。

3）标准曲线。在分别使用各个离子对应的标准样品配成标准浓度系列后，绘制标准曲线，各离子的标准曲线斜率均达 0.999 以上，另外在仪器达到测试要求时，开始进样进行分析。

（4）气象要素在线监测

本书利用一体式气象仪——VAISALA（观测信息见表 3-8），并通过装置的大型液晶显示器（LCD），实时显示测定数据。装备以太网接口，支持数字式输入输出。风的测量仪器为超声波风式风速风向传感器；气压、温度和相对湿度传感器的测量原理基于一个高级电阻-电容（RC）振荡器和两个基准电容器，这些传感器的电容将根据这两个基准电容器持续测量。变送器的微处理器会针对压力传感器和湿度传感器的温度依赖性进行补偿。降水的测定原理为雨鼓声学振动压力感应式雨量传感器。

表 3-8（a） 观测仪器信息（1）

测定对象	气压	温度	相对湿度
测定范围	600～1100 hPa	−52～60℃	0～100%RH
精确度	在 0～30℃时，为±0.5 hPa 在 −52～60℃时，为±1 hPa	在精确度+20℃时，为±0.3℃	0～90%RH：±3% 90%～100%RH：±5%
分辨率	0.1 hPa、10 Pa、0.001 bar、0.1 mmHg[①]、0.01 inHg[②]	0.1℃	0.1%RH

①1 mmHg≈$1.33×10^2$ Pa。

②0.01 inHg=3386 Pa。

表 3-8（b）　观测仪器信息（2）

测定对象	风速	风向
测定范围	0～60 m/s	0°～360°
应答时间	0.25 s	0.25 s
精确度	在 10 m/s 时，为±3%	±3.0°
分辨率	0.1 m/s（km/s、mph①、kn②）	1°

①1 mph≈1.61 km/h。

②1 kn=1.852 km/h。

表 3-8（c）　观测仪器信息（3）

测定对象	降水	测定对象	降雹
收集面积	60cm²	收集面积	为累积的点数
分辨率	0.01 mm（0.001 in①）	分辨率	0.1 hit/cm²、1 hit/in²、1 hit
降水时间	在感知雨滴的情况下，每 10 s 测定一次	降雹时间	在感知雨滴的情况下，每 10 s 测定一次
测定对象	降水强度	测定对象	降雹强度
测定范围	0～200 mm/h（范围大精确度可能降低）	分辨率	0.1 hit/（cm²·h）、1 hit/（in²·h）、1 hit/h

①1 in≈2.54 cm。

3.1.6　相关研究方法介绍

3.1.6.1　O_3 生成潜势计算方法

O_3 生成潜势（OFP）代表 VOCs 物种在最佳反应条件下对 O_3 生成的最大贡献，OFP 是综合衡量 VOCs 物种反应活性对 O_3 生成潜势大小影响的指标参数，OFP 广泛用于评估 VOCs 在某一地区 O_3 生成中的作用[6,7]，其大小取决于 VOCs 物种在大气中的浓度及该物种的最大增量反应活性：

$$OFP_i=[VOC]_i\times MIR_i$$

式中，OFP_i 为第 i 个 VOCs 物种的 O_3 生成潜势；MIR_i 为第 i 个 VOCs 物种的最大增量反应活性。

在此基础上识别影响区域大气 VOCs 化学活性的关键物种；并分析不同传输通道监测站点的异同点。本书选取了部分 VOCs 物种的 MIR，如表 3-9 所示。

表 3-9　部分 VOCs 物种的 MIR　　　　单位：$molO_3/molVOC$

物种	MIR	物种	MIR	物种	MIR
乙烷	0.14	3-甲基庚烷	2.35	异丙苯	5.50
丙烷	0.42	正辛烷	1.90	正丙基苯	4.90
异丁烷	1.06	正壬烷	1.81	3-乙基甲苯	18.48
正丁烷	0.97	正癸烷	1.27	4-乙基甲苯	10.98
环戊烷	3.27	正十一烷	1.92	1,3,5-三甲苯	25.25
异戊烷	1.83	正十二烷	0.38	2-乙基甲苯	13.85
正戊烷	2.04	1-戊烯	9.04	1,2,4-三甲苯	22.00
2,2-二甲基丁烷	1.47	反式-2-戊烯	15.27	1,2,3-三甲苯	22.25
2,3-二甲基丁烷	1.61	异戊二烯	14.71	1,3-二乙基苯	19.77
2-甲基戊烷	2.51	顺式-2-戊烯	14.99	1,4-二乙基苯	12.26
3-甲基戊烷	3.03	1-己烯	4.40	异丁烯醛	8.76
正己烷	2.04	乙烯	5.18	正丁醛	13.43
2,4-二甲基戊烷	3.04	丙烯	10.12	戊醛	16.31
甲基环戊烷	3.59	反式-2-丁烯	8.17	己醛	18.88
2-甲基己烷	1.40	1-丁烯	8.17	甲基叔丁基醚	2.45
环己烷	2.00	顺式-2-丁烯	8.17	乙炔	0.31
2,3-二甲基戊烷	1.34	1,3-丁二烯	14.01	丙酮	0.53
3-甲基己烷	2.92	苯	1.12	丁酮	3.33
2,2,4-三甲基戊烷	2.21	甲苯	7.53	2-戊酮	9.02
正庚烷	2.02	乙苯	6.54	3-戊酮	3.98
甲基环己烷	3.68	间/对二甲苯	17.23	乙醛	23.87
2,3,4-三甲基戊烷	3.80	邻二甲苯	3.60	丙烯醛	10.14
2-甲基庚烷	2.28	苯乙烯	16.74	丙醛	9.49

3.1.6.2　VOCs 来源解析方法

本书采用美国国家环境保护局（USEPA）推荐的正矩阵因子分析模型（PMF5.0）开展观测区域大气 VOCs 的来源解析。[8] 该模型建立在质量守恒的基础上，根据测量获得的大量样本组分数据，利用各组分之间的权重关系，综合、归纳为较少的几个因子，一般采用最小二乘法进行拟合。该方法的输入信息包括各 VOCs 物质的浓度及不确定性等信息，解析结果包括不同因子的 VOCs 源成分谱和各因子的污染贡献。该方法的优点是不需要确切的污染源成分谱就可开展来源解析，但由于该方法不对源成分信息进行约束，因此解析过程中因子数量的选择以及解析因子的识别在很大程度上依赖于研究人员的经验及其对当地 VOCs 源排放的了解。该方法对样本量的要求比较高，比较适用于大量自动监测结果的源解析。

本书采用 PMF5.0 模型开展了 VOCs 来源解析研究，并选取了观测数据较为完整的怀柔地区对 VOCs 进行来源解析。污染源排放的 VOCs 传输到观测站点时反应活性较大的物种易被消耗，会对 PMF 结果产生影响。因此，我们选取反应活性较低的物种进行解析，由于异戊二烯是植物源的特征物种，予以保留。本书最终选取了 28 种物质对样本数据进行分析。不确定度选用浓度值的 20%代替，低于检测限的数据用 1/2 MDL（最低检出限值的 1/2）代替，其不确定度为 5/6 MDL（最低检出限值的 5/6）。

3.2　基于综合观测的 O₃ 及其前体物污染特征

为深入探讨研究区域大气氧化性变化以及无机前体物对 O₃ 生成的影响，本书选定了北京市区与河北保定农村地区为西部观测站点，德州与饶阳作为中部观测站点，以及怀柔与天津地区作为东部观测区域三大实验观测站点，开展 O₃ 及无机前体物的联合观测，部分站点开展了大气 VOCs 浓度及组成、PM₂.₅ 浓度及其组分的观测。分析观测区域内 O₃ 及无机前体物的污染特征，并对比分析不同地区 O₃ 以及无机前体物的污染特征及演变过程，初步分析不同区域间的传输影响；探讨观测区域内的 VOCs 及其组分的空间分布情况，识别影响大气光化学过程的关键大气活性物质，对部分站点 VOCs 开展来源解析；结合冬季观测的 PM₂.₅ 组分数据，对比分析不同过程污染特征及演变，初步分析大气氧化性对颗粒物生成的影响。

3.2.1　夏、秋季 O₃ 浓度污染特征

本书在夏季典型大气光化学污染期间，分别在 3 个传输通道上的 6 个点位开展 O₃ 和主要前体物的强化观测，观测时间集中在 2016 年 6—10 月，主要针对 O₃ 及无机气态前体物 NO_x（NO、NO_2）、CO 等进行连续在线监测，探讨上述污染物的时间分布特征以及无机前体物对 O₃ 生成的影响，同时结合同时段的观测结果，初步讨论各污染物污染特征的空间分布。

3.2.1.1　O₃ 浓度日变化特征

观测期间，各站点 O₃ 日变化呈明显的"单峰型"（图 3-1）：00:00—07:00，O₃ 小时浓度逐渐降低，各站点 O₃ 在 07:00 出现谷值，天津站点时间略早，为 06:00；随后 O₃ 浓度逐渐上升，于 15:00—16:00 出现峰值，北京和怀柔站点为 16:00。另外，北京及德州站点的 O₃ 浓度值和峰宽均高于其他站点，表明北京及德州站点 O₃ 浓度污染持续时间长且污染程度更加严重。

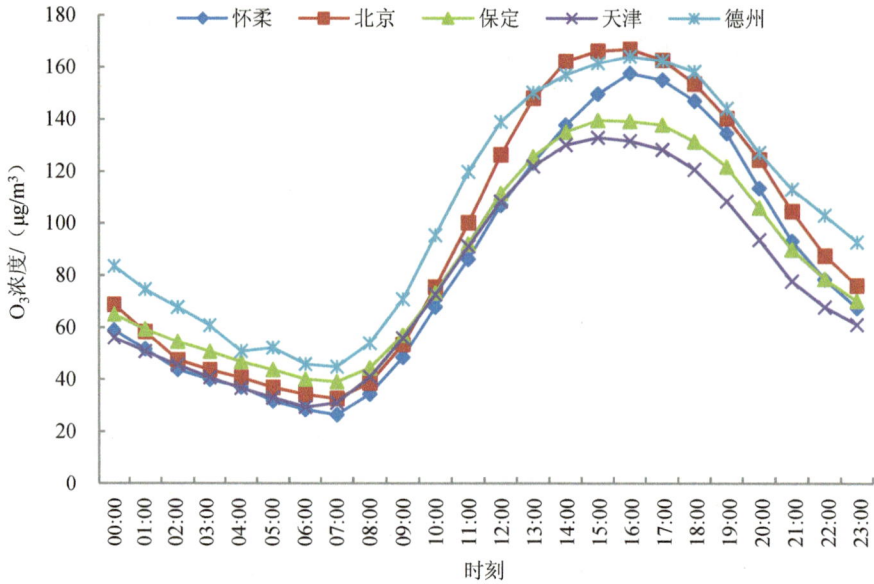

图 3-1　各站点 O_3 日变化特征

根据 O_3 的日变化曲线，6 个站点的日变化幅度大小为北京＞怀柔＞德州＞天津＞保定。北京站点的 O_3 日变化幅度最大，日变化的谷值和峰值分别为 32.6 μg/m³ 和 167.0 μg/m³；怀柔站点日变化幅度也相对较大，略低于北京站点；保定站点的 O_3 日变化幅度最小，日变化的谷值和峰值分别为 39.1 μg/m³ 和 139.6 μg/m³；天津站点日变化幅度略高于保定；德州站点的变化幅度处于中间水平，但德州站点谷值为 44.9 μg/m³，高于其他站点。

3.2.1.2　O_3 浓度超标率

观测期间，区域 O_3-8 h 平均浓度分布在 12.1～228.0 μg/m³，O_3-8 h 平均浓度第 20 百分位数、第 50 百分位数和第 90 百分位数分别为 48.8 μg/m³、78.6 μg/m³ 和 156.2 μg/m³。整体来说，天津、怀柔及保定站点平均浓度相对较低，德州及北京站点平均浓度相对较高，分别为 104.0 μg/m³ 和 93.8 μg/m³。观测期间，区域 O_3 浓度超标天数为 35 d（表 3-10）。

表 3-10　观测期间 O_3 浓度及超标天数　　　　单位：μg/m³

指标	保定	北京	德州	天津	怀柔	观测区域
平均值	85.7	93.8	104.0	78.0	83.9	89.1
最大值	252.4	252.8	260.4	260.4	254.3	228.0
最小值	4.9	4.9	1.4	1.4	2.0	12.1
第 20 百分位数	46.2	50.0	46.6	36.8	41.6	48.8
第 50 百分位数	78.4	89.8	82.8	69.3	74.8	78.6
第 90 百分位数	163.5	175.2	161.0	157.4	165.6	156.2
超标天数/d	32	51	51	22	38	35

观测期间，各站点 6 月、7 月及 8 月超标率变化规律一致，6 月、7 月、8 月超标率逐渐下降。德州及北京站点 O₃ 超标率相对较高，平均达到了 55%；怀柔及保定次之，分别为 41% 和 35%；天津最低，为 24%；不同月份各站点超标情况不同，6 月德州 O₃ 超标最高达到了 83%，其次为北京的 70%；7 月德州与北京持平，均为 61%；8 月北京为 35%，高于德州的 23%，其他站点排序基本一致（图 3-2）。

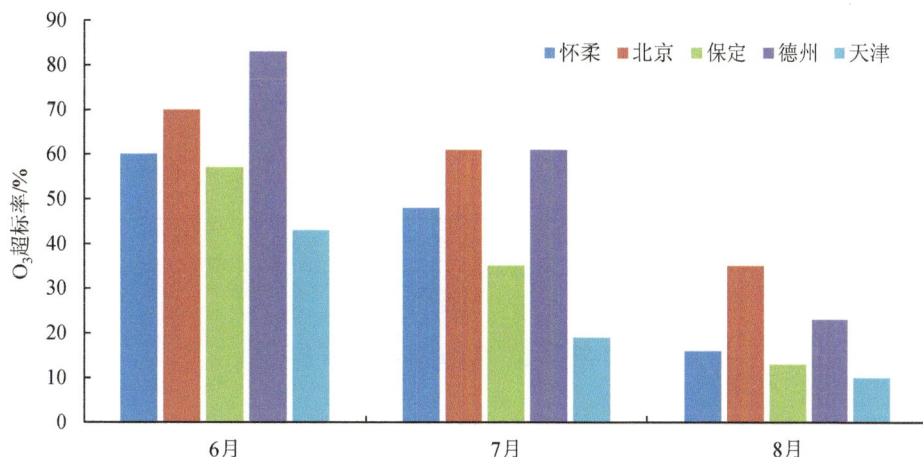

图 3-2　观测期间各站点 O₃ 超标率

3.2.1.3　O₃ 重污染过程统计

对观测期间各站点及区域 O₃ 污染过程进行统计，结果显示，北京及怀柔污染过程较频繁，分别出现 14 次和 11 次；德州污染过程为 9 次，污染过程持续时间长，有两个分别持续 13 d 和 12 d 的过程；天津污染过程相对较少，为 7 次。观测区域层面共出现 9 次污染过程。

3.2.1.4　城区与郊区 O₃ 浓度差异分析

（1）北京

基于观测期间（2016 年 6 月 20 日—8 月 31 日）O₃ 监测数据，分析了北京市城区及郊区 O₃ 污染情况。结果显示，每日 O₃ 峰值浓度基本呈现怀柔（怀柔镇站点）＞北京市区＞怀柔（国科大站点）的趋势（图 3-3）。从 O₃ 浓度日变化特征看，北京市区 O₃ 浓度升高较快，且浓度升高后有一个缓慢爬升及稳定阶段（14:00—17:00），而怀柔（国科大站点）及怀柔（怀柔镇站点）站点峰高较锐，且峰高最大值出现时间晚于北京市区，峰高最大值出现时间依次为北京市区、怀柔（国科大站点）及怀柔（怀柔镇站点），表明 O₃ 存在一定的城区向郊区输送的过程。

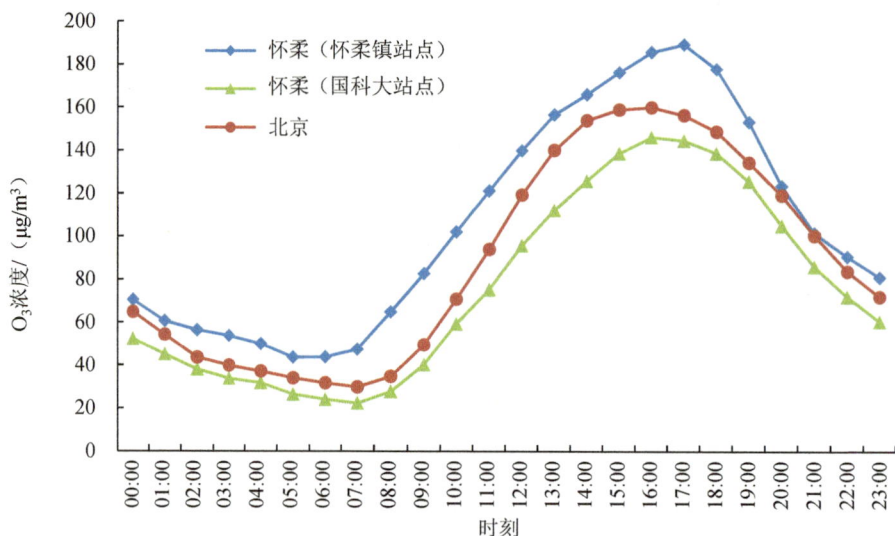

图 3-3 观测期间北京城区及郊区 O_3 日变化特征

（2）保定

基于观测期间数据，以保定市区代表城区，望都站点作为郊区，对 7 月 4 日—8 月 11 日 O_3 浓度的特征进行对比。如图 3-4 所示，从郊区与城区 O_3 浓度日变化特征看，郊区 O_3 浓度变化幅度高于城区，郊区 O_3 浓度从 06:00 开始升高，早于城区 08:00 两个小时，二者均在 15:00 达到峰值，随后郊区 O_3 浓度快速下降，而城区 O_3 浓度下降趋势较缓。夜间（19:00 至次日 07:00）城区 O_3 浓度高于郊区，而白天郊区 O_3 浓度高于城区。

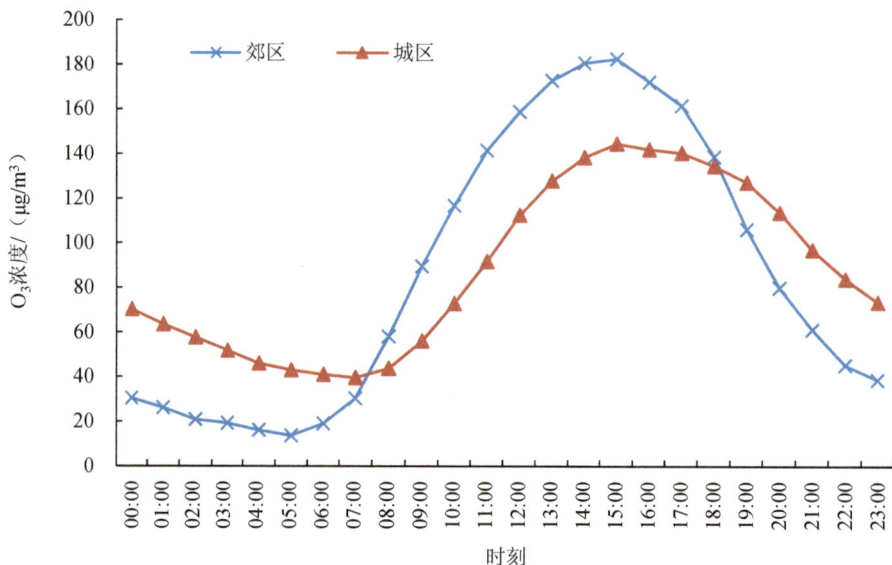

图 3-4 观测期间保定市区及郊区 O_3 日变化特征

3.2.2 夏、秋季 O_3 无机前体物日变化特征

3.2.2.1 大气氧化剂 O_x

（1）大气氧化剂 O_x 特征

由于 O_3 能很快与 NO 反应形成 NO_2，只关注 O_3 浓度就忽略了被 NO 消耗的 O_3，因此以 O_3+NO_2 作为主要大气氧化剂（简称 O_x）来表征光化学污染程度。表 3-11 为各监测站点 6—8 月 O_x、NO_2 及 O_3 的浓度统计情况。各站点 O_x 浓度的变化趋势主要受 O_3 的"单峰型"日变化的影响，主要原因是 NO_2 浓度相对较低。6—8 月观测期间，天津、北京、怀柔、保定及德州观测到的 NO_2 平均值分别为 15.51 ppb、16.88 ppb、8.01 ppb、17.60 ppb 和 11.86 ppb。北京与德州地区观测期间 O_x 浓度相对于其他站点浓度更高，光化学污染更重。怀柔作为郊区站点，NO_2 的浓度相对较低，虽然其 O_3 浓度与保定接近，但 O_x 浓度明显低于保定，因此光化学污染也相对较轻。虽然天津 O_3 浓度最低，但其 NO_2 水平居中，O_x 实际比怀柔还高，说明该市的 NO_x 高排放一定程度掩盖了其光化学污染程度。

表 3-11 各监测站点 6—8 月 O_x、NO_2 及 O_3 的浓度统计

监测点	O_x/ppb	NO_2/ppb	O_3/ppb
怀柔	47.65±32.4	8.01±4.4	39.63±31.5
保定	57.53±20.3	17.60±7.9	39.93±23.3
北京	60.56±27.2	16.88±7.1	43.7±30.1
德州	60.36±23.9	11.86±6.7	48.56±26.7
天津	51.80±21.9	15.51±8.0	36.31±23.9

（2）大气氧化剂 O_x 日变化特征

图 3-5 给出了观测期间 O_3、O_x 以及 NO_2 浓度的平均日变化。从整体上来看，各站点昼夜内 O_3 与 O_x 的变化曲线都是单峰单谷；NO_2 则呈"双峰型"，15:00 左右达到最小值，均符合夏季光化学过程主导的变化特征。O_3 和 O_x 自 06:00 和 07:00 左右开始上升，正午及午后的高温促进化学反应，因此，即使傍晚光强减弱也能维持高浓度的 O_3。值得关注的是，保定地区峰值出现时间为 15:00 左右，而其东侧的北京、德州、怀柔地区峰值出现时间则延迟了 1 h，在 16:00 左右达到峰值，除了与午后的快速生成有关，还可能与来自周边的污染气流输送有关。同时，怀柔镇站点与其他城市站点略有不同，可以看出，大气氧化剂 O_x 的峰更窄且 NO_2 的浓度在几个站点中最低，这可能与地处的位置有关，怀柔位于远郊区，人口与车流量密度相对城市较小，NO_x 排放量相对城市低。

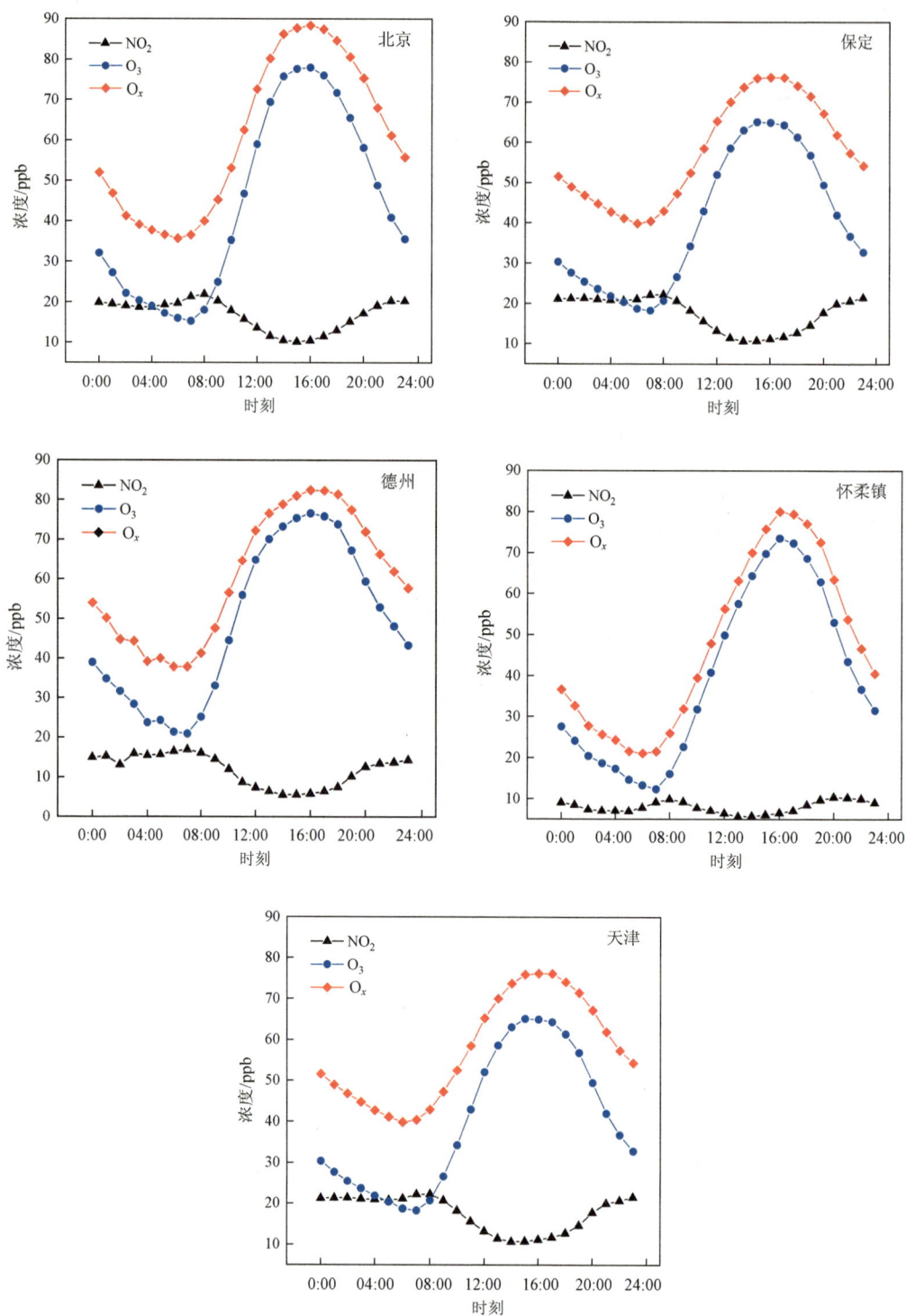

图 3-5　观测期间 O_3、O_x 以及 NO_2 浓度的平均日变化

（3）O_x 与 NO_2 和 O_3 的相关性分析

对各观测点的 O_x 与 O_3 和 NO_2 分别进行了 Pearson 相关性分析，得到的相关系数如表 3-12 所示。总体上来看，各站点大气氧化剂 O_x 主要受 O_3 控制，相关系数在 $0.894\sim0.982$，但各点 O_x 与 NO_2 的关系存在差异。表 3-12 结果表明，在白天，除怀柔镇站点以外，其余各点 O_x 与 NO_2 均为负相关，而怀柔为正相关，相关系数为 0.037，有关原因还需要深入研究。

表 3-12　各站点 O_x 与 O_3 和 NO_2 浓度的相关性

		怀柔	O_x	O_3	NO_2
白天	O_x	Pearson 相关性	1	0.977**	0.037
		显著性（双侧）		0.000	0.000
		N	2371	2371	2371
夜间	O_x	Pearson 相关性	1	0.967**	0.359**
		显著性（双侧）		0.000	0.000
		N	1167	1167	1167
		保定	O_x	O_3	NO_2
白天	O_x	Pearson 相关性	1	0.964**	−0.282**
		显著性（双侧）		0.000	0.000
		N	1104	1104	1104
夜间	O_x	Pearson 相关性	1	0.894**	0.035
		显著性（双侧）		0.000	0.000
		N	1103	1103	1103
		天津	O_x	O_3	NO_2
白天	O_x	Pearson 相关性	1	0.960**	−0.085**
		显著性（双侧）		0.000	0.005
		N	1103	1103	1103
夜间	O_x	Pearson 相关性	1	0.896**	0.180**
		显著性（双侧）		0.000	0.000
		N	1103	1103	1103
		北京	O_x	O_3	NO_2
白天	O_x	Pearson 相关性	1	0.977**	−0.295**
		显著性（双侧）		0.000	0.000
		N	1440	1439	1440
夜间	O_x	Pearson 相关性	1	0.939**	−0.047
		显著性（双侧）		0.000	0.075
		N	1446	1446	1446

德州			O_x	O_3	NO_2
白天	O_x	Pearson 相关性	1	0.982**	−0.388**
		显著性（双侧）		0.000	0.000
		N	1104	1104	1104
夜间	O_x	Pearson 相关性	1	0.953**	-0.086**
		显著性（双侧）		0.000	0.004
		N	1103	1103	1103

注：** 在 0.01 水平（双侧）上显著相关。

3.2.2.2 O_3 浓度与 NO_2 的日变化特征

2016 年观测期间市区站点 O_3 和 NO_2 的日变化曲线如图 3-6 所示，2016 年观测期间郊区站点 O_3 和 NO_2 的日变化曲线图 3-7 所示,市区的 NO_2 浓度均在 00:00—05:00 呈现逐步升高的趋势，O_3 浓度逐渐降低，该阶段 O_3 浓度最大降幅可超过 50%；然而这一现象在郊区站点并不明显；NO_2 在清晨（06:00—08:00）出现日变化中的第一个峰值，这一时间段 O_3 浓度相应出现谷值，交通早高峰时 NO 的增加抑制了 O_3 积累，同时抬升了 NO_2 浓度，而这种作用在市区站点较为显著。在 O_3 消耗阶段，随着晚高峰交通排放的增加，NO_2 浓度上升，且太阳辐射减弱，O_3 浓度快速下降。

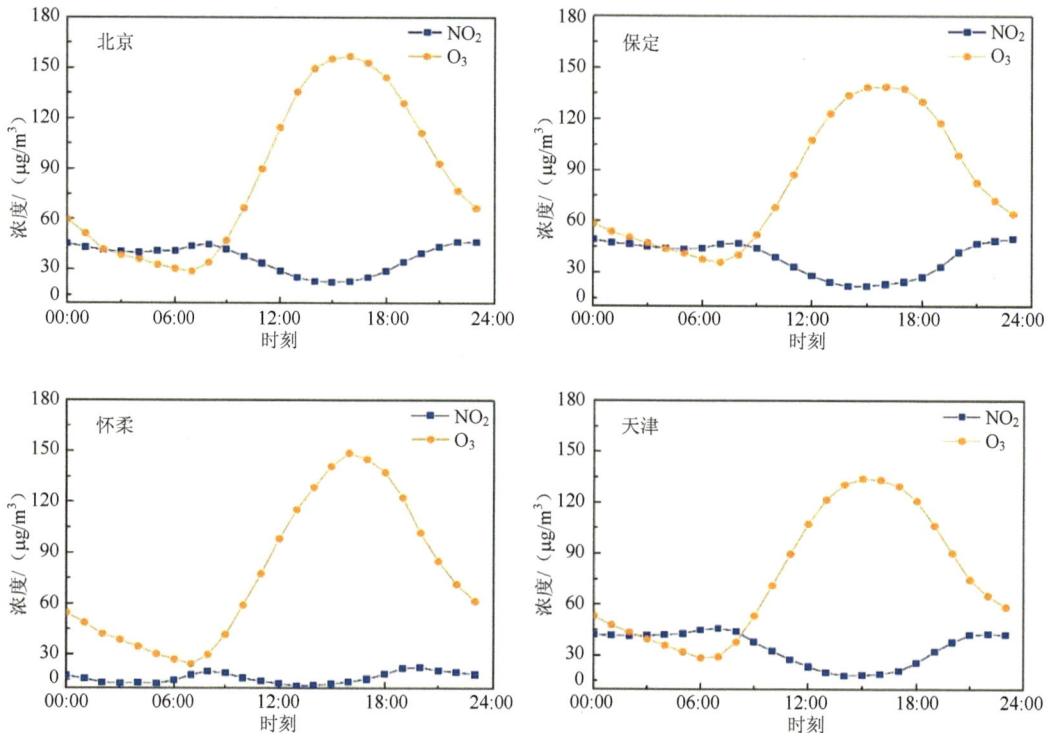

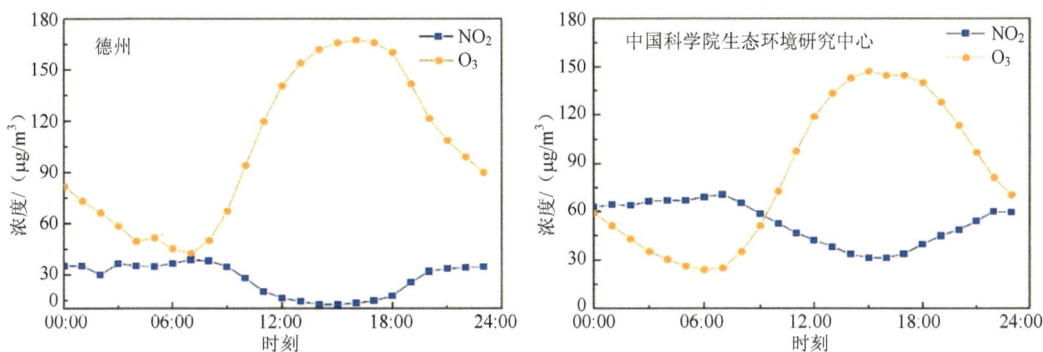

图 3-6　2016 年观测期间市区站点 O₃ 和 NO₂ 的日变化曲线

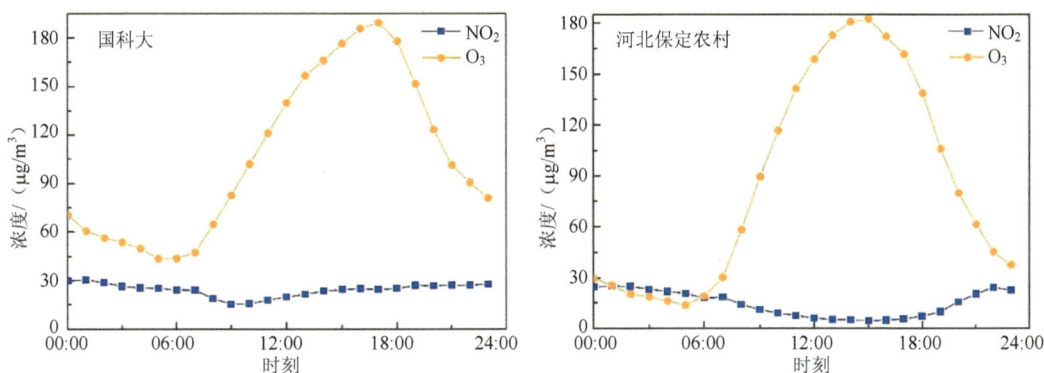

图 3-7　2016 年观测期间郊区站点 O₃ 和 NO₂ 的日变化曲线

3.2.2.3　O₃、CO 和 SO₂ 的浓度日变化特征

2016 年观测期间市区站点 O₃、CO 和 SO₂ 的日变化曲线如图 3-8 所示，2016 年观测期间郊区站点 O₃、CO 和 SO₂ 的日变化曲线图 3-9 所示。CO 主要来源于化石燃料的不完全燃烧，由于 CO 在大气中较为稳定，处于华北平原污染区的各个站点间浓度差别较小，总体呈德州＞天津＞保定＞北京＞中国科学院生态环境研究中心＞怀柔＞国科大，在一定程度上表征了区域的总体污染水平和空间分布。大气中 SO₂ 主要源自含硫燃料的燃烧。SO₂ 在大气中（尤其在污染大气中）易被氧化形成 SO₃，再与水分子结合反应形成硫酸分子，经过均相或非均相成核及化学反应作用，形成硫酸盐气溶胶。硫酸和硫酸盐可形成硫酸烟雾和酸性降水，造成较大的危害。各站点 SO₂ 浓度大致呈德州＞保定＞国科大＞河北保定农村＞天津＞北京＞怀柔＞中国科学院生态环境研究中心。

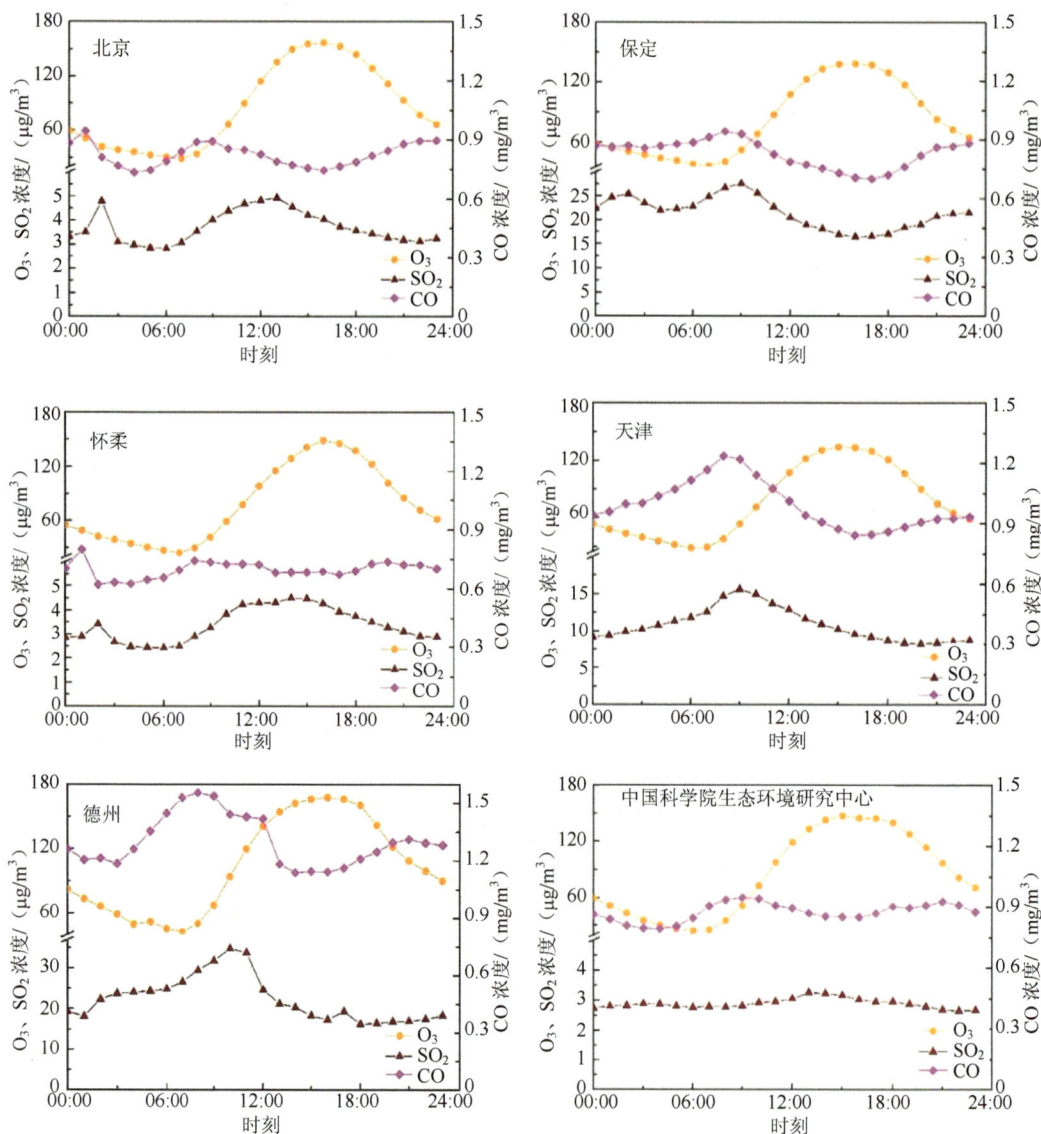

图 3-8　2016 年观测期间市区站点 O₃、CO 和 SO₂ 的日变化曲线

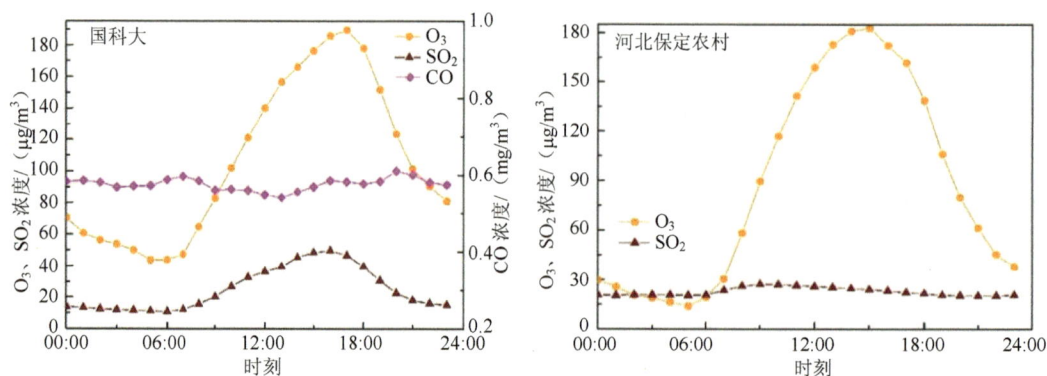

图 3-9　2016 年观测期间郊区站点 O₃、CO 和 SO₂ 的日变化曲线

3.2.2.4　典型区域污染分析

（1）北京郊区（怀柔地区）O_3 及前体物日变化特征综合分析

图 3-10 为观测期间 O_3、O_x 浓度的平均日变化。怀柔地区一昼夜内观测期间 O_3、O_x 浓度的平均日变化曲线都是单峰单谷，符合夏季光化学过程主导的变化特征。O_3 和 O_x 浓度都在 06:00 开始快速上升，上升到 17:00 达到峰值后快速下降。O_3 日变化曲线与气温的日变化曲线在形式上非常接近，正午及午后的高温促进化学反应，因此，即使午后光强减弱也能维持高浓度的 O_3。值得注意的是，O_3 浓度在傍晚达到峰值，除与午后的快速生成有关外，还可能与来自周边污染更重区域的气流输送有关。这些气流携带着更高浓度的 O_3 前体物，在输送过程中不断生成更多的 O_3，于是在傍晚给北京郊区站点带来更高浓度的 O_3。

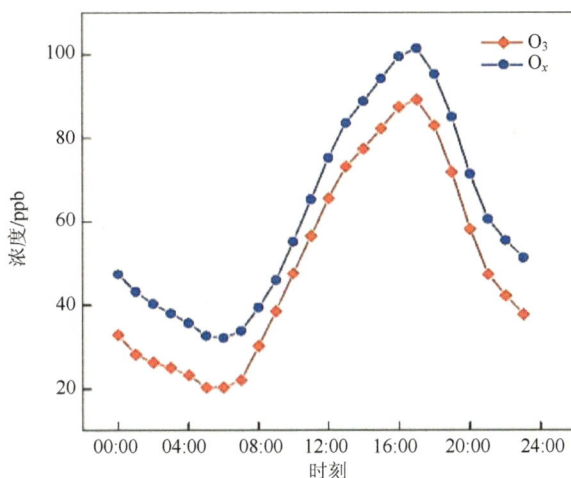

图 3-10　观测期间 O_3、O_x 浓度的平均日变化

图 3-11 为各种含氮氧化物组分的平均日变化。NO、NO_2、NO_x、NO_y 同时段出现峰值，基本可判断这个时段的峰值是由该城市的早高峰排放造成的。在早高峰之后，受边界层高度升高及光化学转化的影响，NO、NO_2、NO_x、NO_y 出现快速下降。NO 下降速率最快，表现出强烈的白天、夜间差异，这和其与 O_3 的滴定反应有关。白天 O_3 浓度升高后抑制了 NO 浓度水平的上升，因此一直维持在很低的浓度。夜间边界层高度下降及较低的 O_3 浓度更有利于排放的 NO 积累从而使其浓度升高。其他氮氧化物组分也是白天低夜晚高的基本特征，但是昼夜差别没有 NO 明显。NO、NO_2、NO_x、NO_y 下降的同时 NO_2 却逐步升高，呈现出一个较宽的白天峰值。由于 NO_2 所包含的是 NO_x 的气态氧化产物，其白天浓度的升高是光化学转化的有力证据。

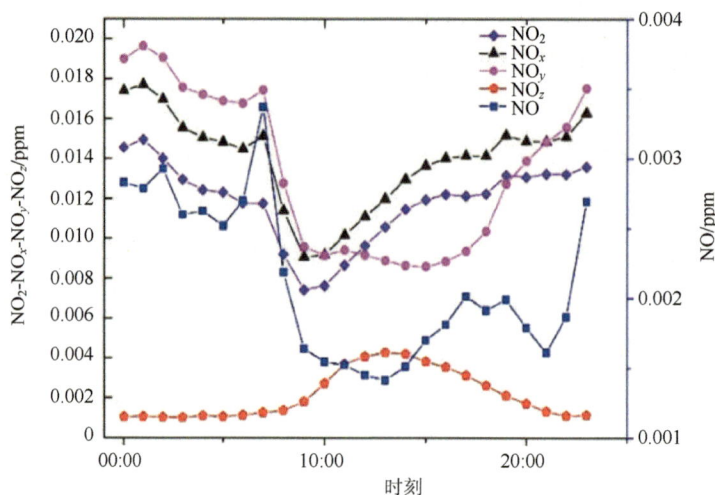

图 3-11   含氮氧化物组分的平均日变化

（2）周末效应

为了分析交通排放对 O_3 浓度变化的影响，比较了 6 个市区站点（图 3-12）和 2 个郊区站点（图 3-13）双休日和工作日 NO_2 的日变化曲线。

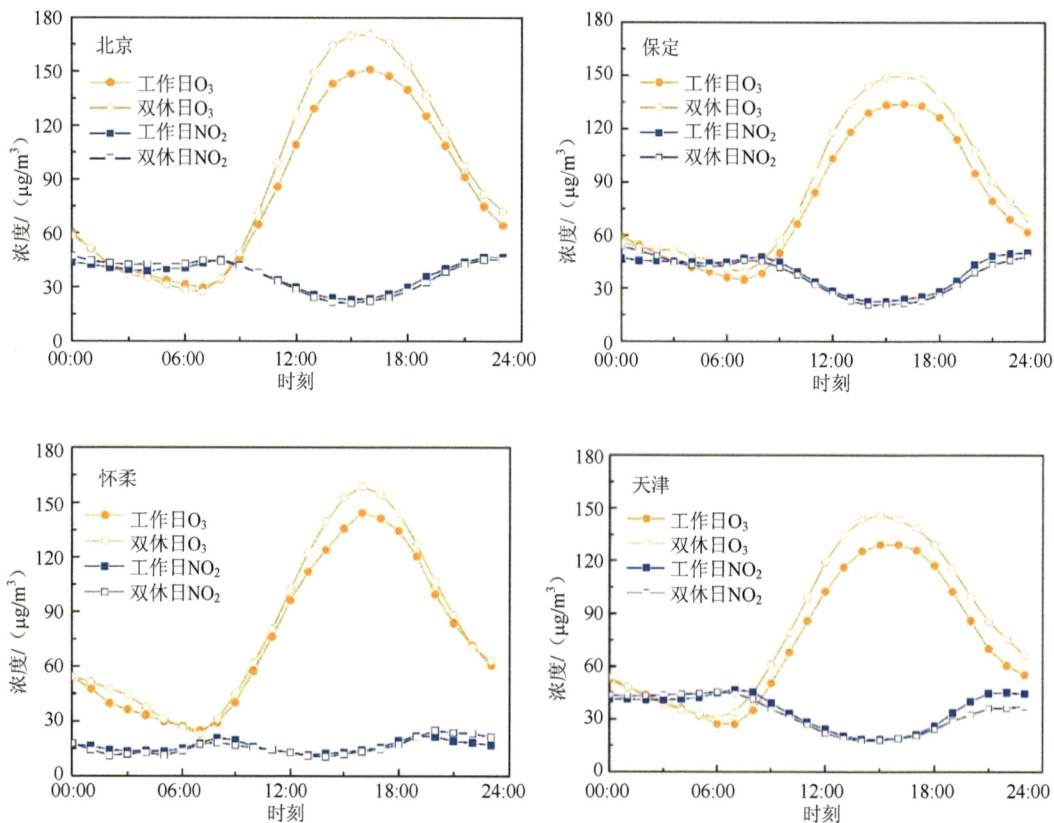

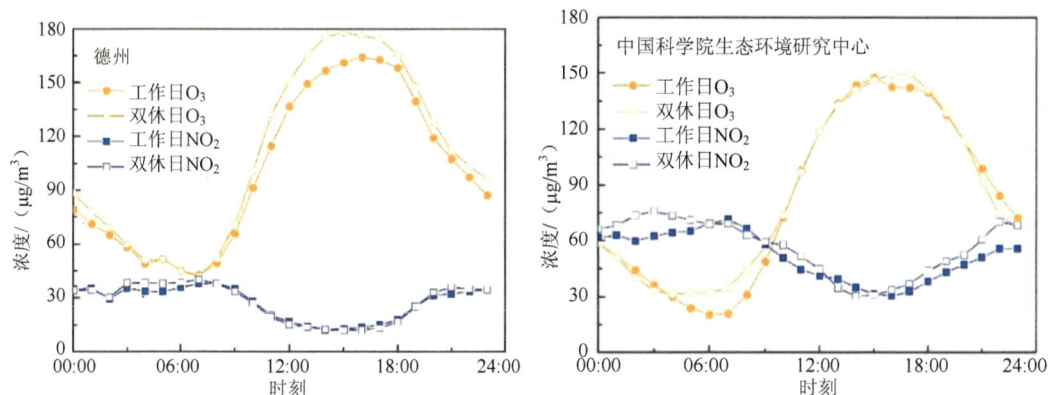

图 3-12　2016 年工作日和双休日市区站点 O₃ 和 NO₂ 浓度的日变化曲线

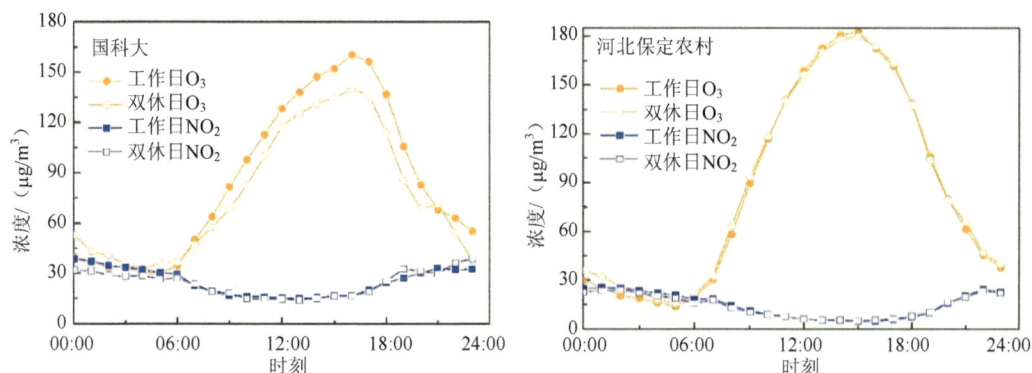

图 3-13　2016 年工作日和双休日郊区站点 O₃ 和 NO₂ 浓度的日变化曲线

对于市区站点，除中国科学院生态环境研究中心站点之外，其他站点的双休日和工作日 NO₂ 浓度差别并不明显，但双休日的 O₃ 峰值均明显高于工作日。6 个市区站点在工作日 06:00—08:00 NO₂ 的平均浓度为 43.2 μg/m³，仅比双休日对应时段高出 1.7%；在同时间段，O₃ 谷值平均浓度则由工作日的 32.4 μg/m³ 上升到 36.4 μg/m³，升幅达 12.3%。在 O₃ 光化学生成阶段，NO₂ 的浓度在工作日均略高于双休日，但与其他 5 个市区站点不同，中国科学院生态环境研究中心在 O₃ 光化学生成阶段 O₃ 的峰值并未出现明显变化。

郊区河北保定农村站点 NO₂ 浓度在工作日和双休日差别较小，相应 O₃ 浓度水平在工作日和双休日也并无明显差别。但郊区国科大站点是所有站点中唯一出现工作日 O₃ 浓度高于双休日的站点，呈现较为明显的反周末效应。

（3）夜间 O₃ 浓度高值现象

分析观测期间数据（图 3-14），怀柔站点 7 月 31 日、8 月 6 日、8 月 19 日、8 月 25 日均出现夜间 O₃ 高浓度现象。结合气象条件分析表明，在 7 月 31 日、8 月 6 日、8 月 19 日均发生降雨过程，8 月 25 日凌晨则出现大风。夜间 O₃ 高浓度现象的出现主要受气象条件影响，降雨、大风情况的出现会导致大气各要素水平分布不均匀，从而使对流层上下层交换强烈，地面污染水平和气象要素也发生剧烈变化。

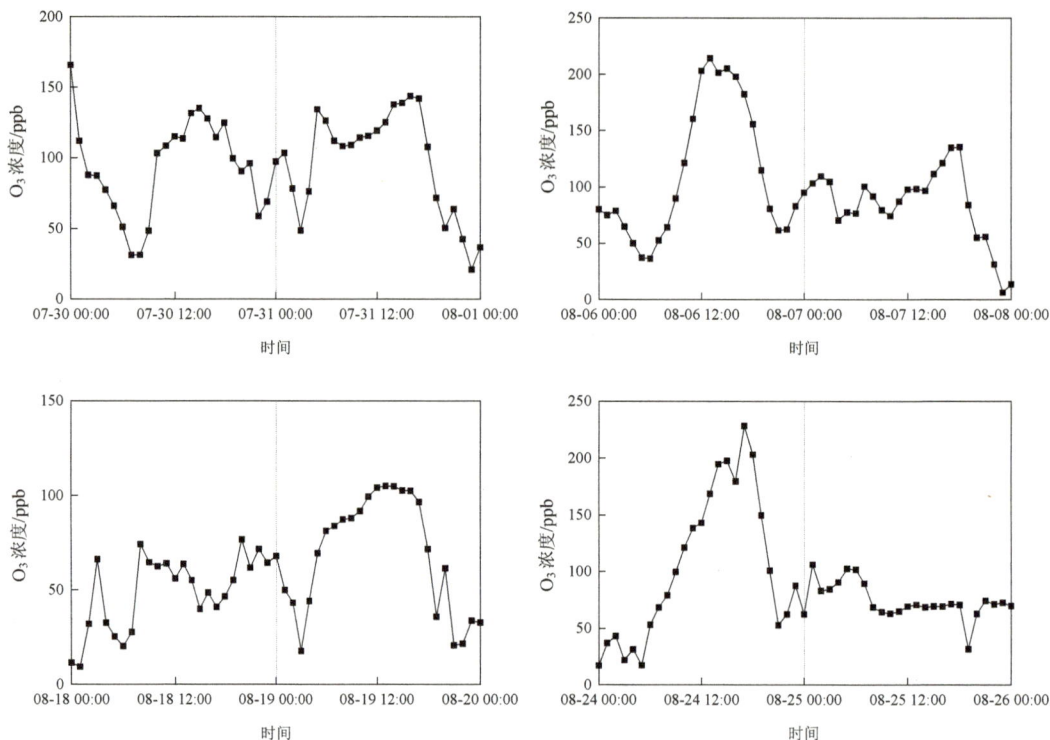

图 3-14　夜间 O_3 浓度日变化

3.2.3　夏、秋季大气 VOCs 污染特征

VOCs 种类繁多、组成复杂，其浓度及组成受多种排放源的影响，排放过程也存在时间和空间上的差异。本书基于北京市区、怀柔地区、河北保定农村、德州和天津 2016 年 7—10 月大气 VOCs 浓度及组成的监测数据，分析探讨观测地区臭氧前体物 VOCs 浓度及组成分布，初步探讨观测区域内的 VOCs 及其组分的空间分布情况，并在此基础上，结合不同 VOCs 物种最大增量反应活性常数，研究观测区域 VOCs 的大气反应活性，并识别影响大气光化学过程的关键大气活性物质。此外，利用 PMF 模型，结合 VOCs 特征物种比值法，初步对怀柔观测站点 VOCs 的来源进行解析。

3.2.3.1　VOCs 环境浓度水平

各站点 VOCs 观测所使用的仪器存在差别，因此，观测到的 VOCs 物种有所差异。各站点 VOCs 观测项目及其平均浓度如表 3-13 所示。强化观测期间，怀柔、河北保定农村以及德州站点监测项目为 VOCs，天津观测到的 VOCs 物种以卤代烃为主；北京市区的监测项目为 NMHCs。总体来看，怀柔、天津、北京市区以及河北保定农村地区观测 VOCs 的平均浓度水平在 17.6~31.5 ppb，北京站点观测到的 VOCs 平均浓度为 17.6 ppb，最高值为 48.9 ppb；怀柔和天津站点的 VOCs 观测组分虽有较大差异，但观测 VOCs 浓度水平相近，平均浓度分别为 19.1 ppb 和 17.8 ppb；河北保定农村地区 VOCs 浓度水平较高，平均浓度为 31.5 ppb，最大值为 90.4 ppb。德州站点观测 VOCs 平均浓度为 29.6 ppb，并且波动较大，最高值达 126.0 ppb。怀柔地区 VOCs 主要高浓度时段集中在 7 月下旬以及 8 月初；北京市区强化观测期间 VOCs 浓度波动较小，基本在 17.0 ppb 上下波动。河北保定农村地区由于仪器设备的问题有几天的空缺值，但整体来看，VOCs 浓度较高，高值集中在 7 月中上旬。天津站点 VOCs 浓度最高值出现在 8 月 22 日，浓度达到 64.3 ppb，浓度最低值出现在 8 月 26 日，浓度为 6.3 ppb。

表 3-13　各站点 VOCs 观测项目及其平均浓度　　　　单位：ppb

观测站点	观测 VOCs	NMHCs	烷烃	烯烃	芳香烃	卤代烃	含氧 VOCs	炔烃	其他
怀柔	19.1	10.7	7.1	1.2	1.4	2.4	5.0	0.9	1.1
天津	17.8	3.8	0.3	0.9	2.6	9.95	4.1		
德州	29.6	29.6	21.2	7.7	0.7			3.8	
北京市区	17.6	17.6	10.9	3.1	2.2			1.3	
河北保定农村	31.5	20.4	11.7	3.2	3.6		11.2	1.8	

受大气边界层、排放源、化学反应等因素的影响，不同监测站点 VOCs 有明显的日夜变化。因此，对不同站点强化观测期间的 VOCs 浓度日变化特征进行对比分析，研究不同站点观测 VOCs 浓度的日变化差异情况。

强化观测期间，各站点观测 VOCs 的日变化趋势与其他文献报道的城市大气 VOCs 的日变化趋势一致，均呈"双峰型"，即在早、晚交通高峰时具有较高的浓度水平，表明交通源也是这些大气 VOCs 的一个重要来源。怀柔站点和河北保定农村两个郊区站点 VOCs 浓度都分别在 08:00 和 20:00 左右达到峰值，下午光化学反应逐渐加强导致 VOCs 浓度缓慢降低，13:00 达到谷值。北京市区早、晚交通高峰时具有较高的 NMHCs 水平，表明交通源是北京市区大气 NMHCs 的一个重要来源。各站点观测 VOCs 的浓度在 14:00—16:00 均处于较低水平，这主要归因于该时间段较强的大气光化学反应活性（太阳辐射强、温度高）及有利于污染物扩散的气象条件（如较高的边界层高度）。但是，怀柔站点傍晚的峰值明显高于清晨的峰值，而河北保定农村地区与北京市区则相反，这可能与区域大气物理扩散或传输及混合层高度有关。

由于不同观测站点 VOCs 观测组分差异较大，各个观测站点组分分布情况不能直接进行比较。因此，本书利用现有的数据，选取了各监测点观测到的 NMHCs 来进行初步比较。总体来说，观测期间北京市区、怀柔以及河北保定农村站点大气 NMHCs 平均浓度水平在 10~21 ppb；处于研究区域东部的怀柔站点浓度最低，平均浓度为 10.6 ppb，最大值为

48.9 ppb；北京站点浓度略高于怀柔地区，平均浓度为 17.58 ppb；而西部的河北保定农村地区 NMHCs 浓度水平最高，为 20.4 ppb，最大值为 90.4 ppb。

从空间分布来看，观测区域 NMHCs 浓度水平呈现西部高、东部低的趋势。西部河北保定农村地区出现了观测区域内相对较高的浓度，中部的北京、东部怀柔站点浓度略有降低，但整体上看各个采样站点 NMHCs 浓度水平差异并不显著，NMHCs 相对比较稳定，没有出现高值特征区域。而 NMHCs 浓度产生差异的原因较多，如仪器设备的不同、各地区排放源的差异以及随时间变化减排措施的影响等。

3.2.3.2　NMHCs 化学组成特征

本书将 NMHCs 按照烷烃、烯烃、芳香烃以及乙炔进行分类，探究不同观测站点 NMHCs 的组成特征。

（1）NMHCs 组分时间变化特征

NMHCs 组分时间变化显示不同地区各类化合物浓度范围、贡献大小以及波动程度均有一定差异。德州站点各类化合物均波动剧烈，其中烷烃在 0.50～126.20 ppb 波动，平均值为 21.20 ppb；烯烃在 1.20～54.00 ppb 波动，平均值为 7.70 ppb；芳香烃在 0.00～6.50 ppb，平均值为 0.70 ppb；天津站点采样期间 NMHCs 各组分化合物浓度相对较低且波动较小，检出的 NMHCs 中芳香烃化合物占主导优势，浓度为 0.76～7.65 ppb，平均浓度为 2.63 ppb，烷烃与烯烃浓度相对较低，平均浓度分别为 0.30 ppb 和 0.90 ppb。怀柔站点烷烃的小时浓度变化在 1.50～23.4 ppb，平均浓度为 7.10 ppb；烯烃的浓度为 0.01～7.60 ppb，平均浓度为 1.23 ppb；芳香烃的浓度为 0.22～8.24 ppb，平均浓度为 1.41 ppb；北京市区的 NMHCs 中，烷烃平均浓度为 10.93 ppb，最大值为 37.84 ppb；烯烃浓度为 3.13 ppb，最大值为 15.70 ppb；芳香烃平均浓度为 2.21 ppb，最大值为 8.04 ppb；河北保定农村地区中，烷烃平均浓度为 11.73 ppb，最大值为 35.49 ppb；烯烃浓度为 3.19 ppb，最大值为 11.30 ppb；芳香烃平均浓度为 3.64 ppb，最大值为 15.56 ppb；烷烃、烯烃浓度与北京市区相差不大，但芳香烃浓度略高于北京市区浓度。总体来看，各站点各类 NMHCs 浓度变化趋势与总 NMHCs 变化趋势基本一致。

气象条件、排放源以及化学反应等因素不仅对 VOCs 浓度有较大影响，对化学组成也有显著的影响，并且不同化学活性、不同源汇物种之间变化特征不同。因此，本书对不同站点观测期间 NMHCs 浓度日变化特征进行研究，分析不同观测站点 NMHCs 各组分浓度日变化情况。

强化观测期间，各观测站点大气 NMHCs 各组分浓度日变化趋势与 NMHCs 的日变化趋势基本一致，即在早、晚交通高峰时具有较高的浓度水平，尤其是烷烃类化合物，呈明显的"双峰型"，芳香烃的变化趋势略微平缓，这种趋势说明大气 NMHCs 可能受机动车交通源的影响较大。此外，不同地区烷烃和苯系物的日变化趋势除受扩散能力及大气氧化能力的影响，在白天呈现不同下降速率外，它们在夜间的变化也有不同。其中，河北保定农村地区大气烷烃和苯系物的浓度水平于 01:00 后显著抬升，而在北京市区主要受交通早高峰的影响，于 06:00 后抬升，表明河北保定农村地区大气 NMHCs 夜间具有未知排放源。特别是本次观测中饶阳地区由于实验仪器的限制，NMHCs 现场观测采用的是质子转移反应飞行时间质谱仪（PTR-TOF-MS），该仪器从原理上不能准确测量许多烷烃和烯烃，但是对芳香烃、生物源挥发性有机物（BVOCs）和含氧挥发性有机物（OVOCs）等测量准确，所以本书仅选取了部分烯烃及芳香烃进行分析。结果显示，尽管饶阳地区部分时段平均值对应的不确定度较大，但总体可以看出两种都是 08:00 以后快速下降，正午及午后一段时间为低值，傍晚开始有所回升。

（2）各观测站点 NMHCs 组分分布

如图 3-15 所示，就环境大气 NMHCs 物种组成特征而言，除天津地区外，其他观测站点均以烷烃贡献最大，大气中 $C_2 \sim C_5$ 的烷烃相对比较丰富，NMHCs 可能受机动车排放的影响较大。不同站点 NMHCs 的其他组分存在一定差异。

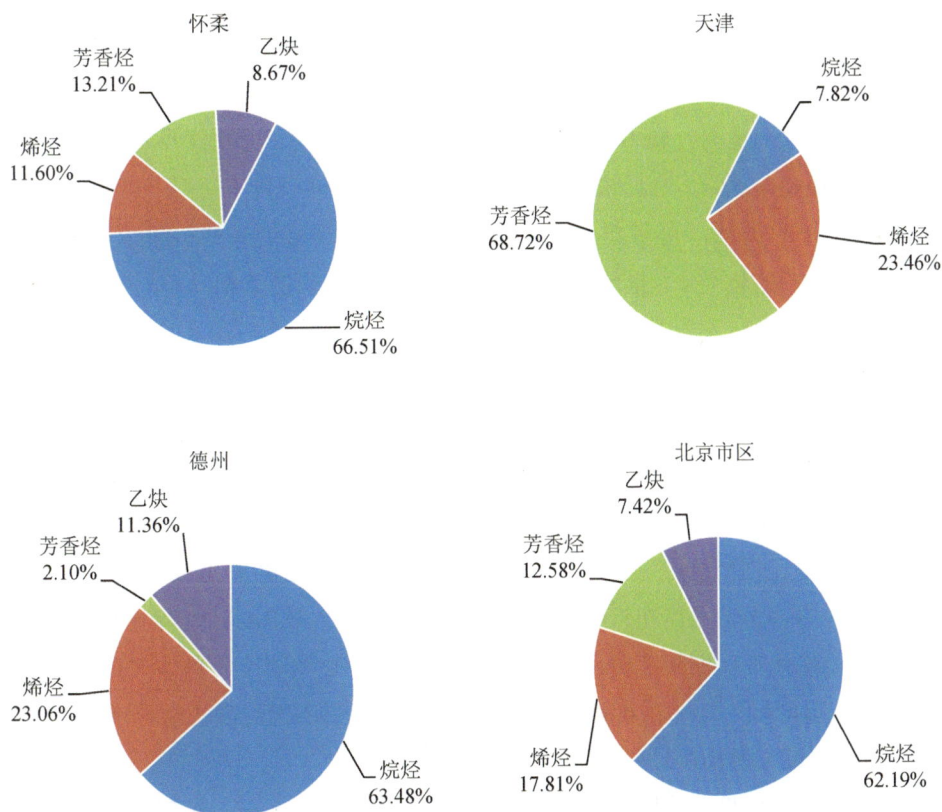

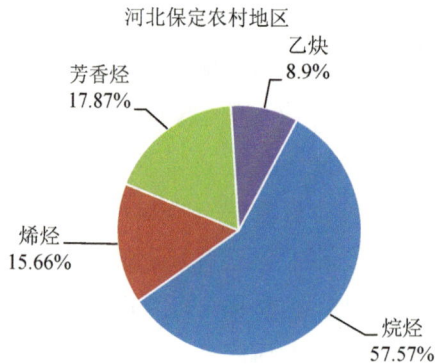

图 3-15　不同站点大气 NMHCs 组分贡献

NMHCs 组分比例的研究结果表明观测区域东北部以及西南部城市外围地区的怀柔和河北保定农村站点 NMHCs 的物种组成较为相似，顺序均为：烷烃＞芳香烃＞烯烃＞乙炔，其中烷烃占比最高，两个地区的贡献分别为 66.51% 和 57.57%，其次为芳香烃和烯烃，且两者贡献相近，怀柔地区芳香烃与烯烃的贡献分别为 13.21% 和 11.60%，河北保定农村地区为 17.87% 和 15.66%。河北保定农村地区以及怀柔地区大气 NMHCs 中芳香烃的体积分数比烯烃高，而位于观测区域中部代表中心城区的北京市区和德州站点则相反，表现为烷烃＞烯烃＞芳香烃＞乙炔，烯烃浓度仅次于烷烃，在两地的贡献分别为 17.81% 和 23.06%，均略高于芳香烃的贡献，这种组成特征的变化表明市区可能与郊区及农村地区大气中 NMHCs 具有不同的排放源。夏季市区大气 NMHCs 主要来源于机动车尾气排放，而农村地区以及郊区交通源对大气 NMHCs 的贡献随着机动车使用量的显著减少而降低，其他燃烧源（如煤、秸秆等燃烧）可能占主导地位。但是，北京市监测点的芳香烃贡献显著高于德州，两地的贡献分别为 12.58% 和 2.10%，说明北京市区观测点周围更强的机动车尾气排放对芳香烃有重要贡献。天津主要受石化和化工区排放的影响，卤代烃对 VOCs 的贡献比较大，在 50% 以上，但为进行不同站点之间的比较，未把卤代烃考虑在内。天津观测的 NMHCs 中，芳香烃化合物占主导优势，贡献率为 68.72%，烷烃占比为 7.82%，相对较低。不同区域 NMHCs 组分分布也在一定程度上反映了观测区域 NMHCs 主要污染源的空间差异。

图 3-16 为强化观测期间不同站点 NMHCs 物种前 10 位浓度。总体来看，除天津站点外，在观测的其他区域中，前 10 种 NMHCs 的排序虽有所不同，但乙烷、丙烷、正丁烷以及乙炔都是贡献较大的物种。

观测区域西部的北京市区以及河北保定农村地区大气中前 10 种 NMHCs 含量占 TNMHCs 的 66.7%～72.7%，其中乙烷为河北保定农村地区大气 NMHCs 中浓度最高的物种，而丙烷在北京市区大气 NMHCs 中的浓度最高。乙烷、丙烷、乙炔、丁烷、乙烯、甲苯和异戊烷是两地区前 10 种 NMHCs 中共有的物种；对于前 10 种 NMHCs，只在北京地区大气中发现丙烯和正己烷的存在，而只在河北保定农村地区大气中发现苯和正戊烷的存在。前

10 种 NMHCs 在两地区大气中的排序明显不同，如甲苯在北京大气 NMHCs 中排第 9 位，而在河北保定农村大气中排第 7 位。

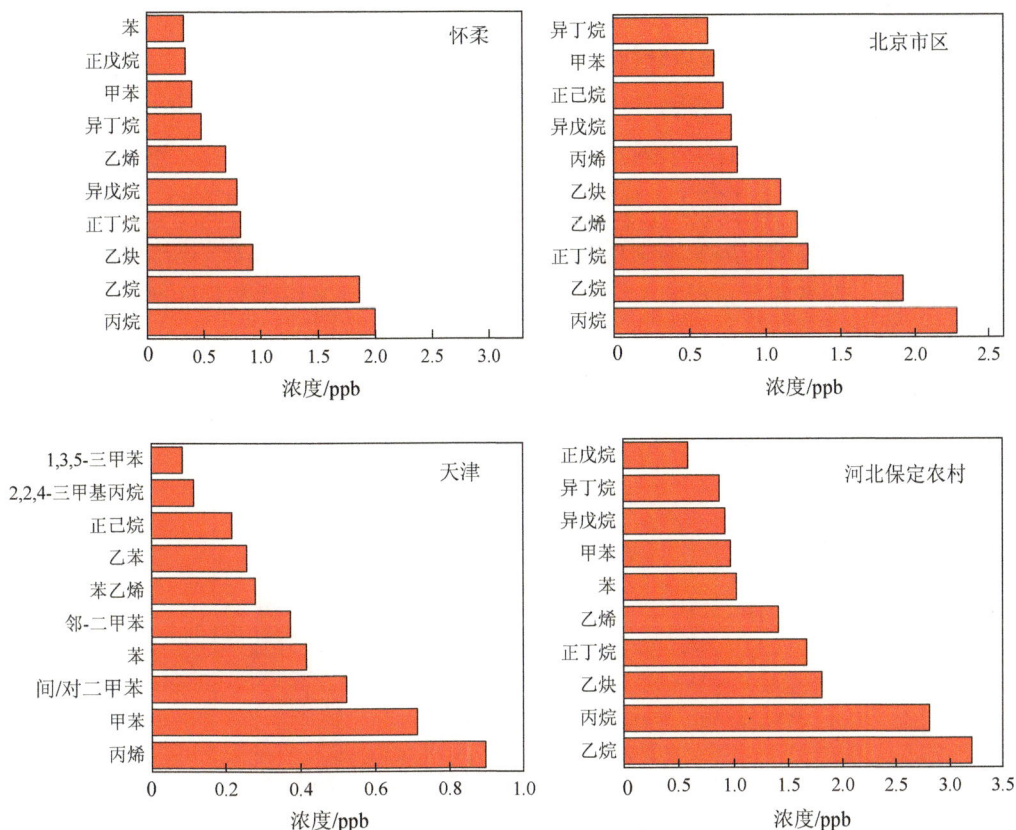

图 3-16　强化观测期间不同站点 NMHCs 物种前 10 位浓度

观测区域东部的怀柔和天津地区，NMHCs 的优势物种有较大差异。怀柔地区前 10 位含量占 NMHCs 的 60%以上，主要以烷烃物种为主，乙烷、丙烷、乙炔、正丁烷占比较高，与北京市区的浓度优势物种基本相同；而天津地区丙烯为最主要的贡献物种，贡献率达 23.5%，并且前 10 位物种中，芳香烃物种有 6 种，甲苯、间/对二甲苯以及苯等物种贡献都较大。通常认为苯主要来自汽车尾气的排放，而甲苯主要来自工业排放、溶剂和燃料的泄漏以及汽车尾气的排放。本书中天津地区苯与甲苯的比值（B/T）为 0.58，说明交通排放对天津大气中 NMHCs 影响较为显著，这与采样站点周边实际情况较为一致，采样站点紧邻复康路中环线，交通流量较大。一方面，天津地区作为石化地区，工业 VOCs 贡献比较大；另一方面因为仪器的限制，天津地区只观测了部分 NMHCs，有些组分并没有观测到，所以结果有所偏差。此外，天津站点大气中 NMHCs 之外的物质也不能忽略，其中，主要来源于工业溶剂的二硫化碳浓度达到 4.59 ppb，占观测 VOCs 浓度的 24.7%，其次为主要源于工业溶剂、医药等方面的二氯甲烷，浓度为 1.23 ppb，占观测 VOCs 浓度的 6.6%。

前 10 种 NMHCs 种类及顺序的不同归因于不同地区大气 VOCs 具有不同的排放源及源强,如乙烷和苯等作为燃煤等人为活动排放较多的产物,其在河北保定农村地区的排放量比北京市区高。

3.2.3.3　VOCs 的 O_3 生成潜势分析

大气 VOCs 物种繁多,各物种化学结构迥异,参加大气化学反应的能力不尽相同,对复合型大气污染的贡献也有很大差异。因此,研究区域光化学污染问题,不仅要关注大气 VOCs 的浓度水平与组成特征,还要关注不同 VOCs 组分反应活性及其在 O_3 生成中的作用,对揭示复合型大气污染的形成机制有重要意义。因此,本书利用强化观测期间获得的 VOCs 实际观测数据,选择各个站点的 NMHCs 数据,在浓度水平及组成特征的基础上,基于不同 VOCs 物种最大增量反应活性(MIR),计算了不同站点的 NMHCs 物种的 O_3 浓度生成潜势(OFP),并识别影响观测区域 O_3 生成的关键反应活性物种。不同站点 NMHCs 的 O_3 浓度生成潜势如图 3-17 所示。

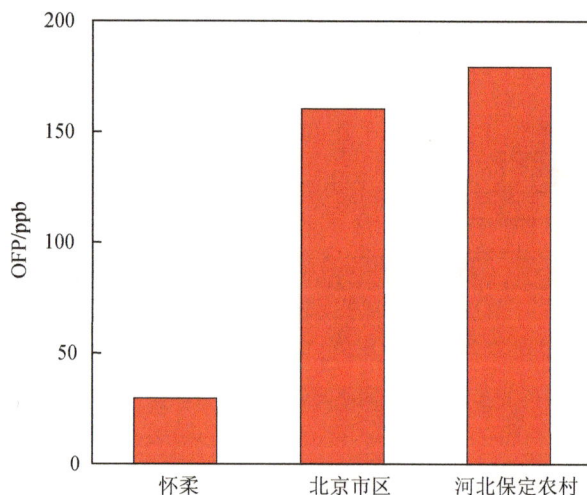

图 3-17　不同站点 NMHCs 的 O_3 浓度生成潜势

总体而言,不同观测站点 OFP 值有一定差异,观测期间,怀柔地区 OFP 值最小,为 29.70 ppb,河北保定农村地区与北京市区 OFP 值相差不大,但均高于怀柔地区,分别为 179.26 ppb 与 160.39 ppb。北京市区与怀柔地区 VOCs 浓度相差较小,但 VOCs 活性却高于怀柔地区,这与北京市区高活性的芳香烃贡献较大有关。

为探究各站点 NMHCs 组分的 OFP 贡献,本书将各站点 NMHCs 组分按照烷烃、烯烃、芳香烃、炔烃以及异戊二烯进行分类,分别计算了不同组分对 OFP 的贡献,如图 3-18 所示。结果表明,河北保定农村与怀柔两个郊区站点的结果类似,各组分的贡献值虽有一定差别,但顺序是一致的,大气中 NMHCs 5 种组分对 OFP 贡献的顺序均为:芳香烃>烯烃>烷烃>异戊二烯>炔烃,且各组分的 OFP 贡献差异不大;芳香烃在怀柔地区与河北保定农村的贡献最大,分别为42.00%和38.57%;其次为烯烃,贡献分别为20.49%和29.78%。而相较于郊区及农村地区,北京市区的烯烃OFP贡献更大,NMHCs各组分对OFP的贡献顺序为:烯烃>芳香烃>烷烃>异戊二烯>炔烃,烯烃、芳香烃、烷烃以及异戊二烯的贡献分别为35.82%、28.42%、22.41%和12.37%。烷烃、异戊二烯和炔烃对OFP贡献在市区与郊区农村地区基本一致。烯烃类化合物对北京市区OFP具有最大的贡献,这也表明控制北京市区O₃生成需要从烯烃减排入手。而苯系物对总OFP的贡献在农村地区以及北京郊区贡献最大,表明控制农村和郊区地区O₃生成需要采取与市区不同的手段。

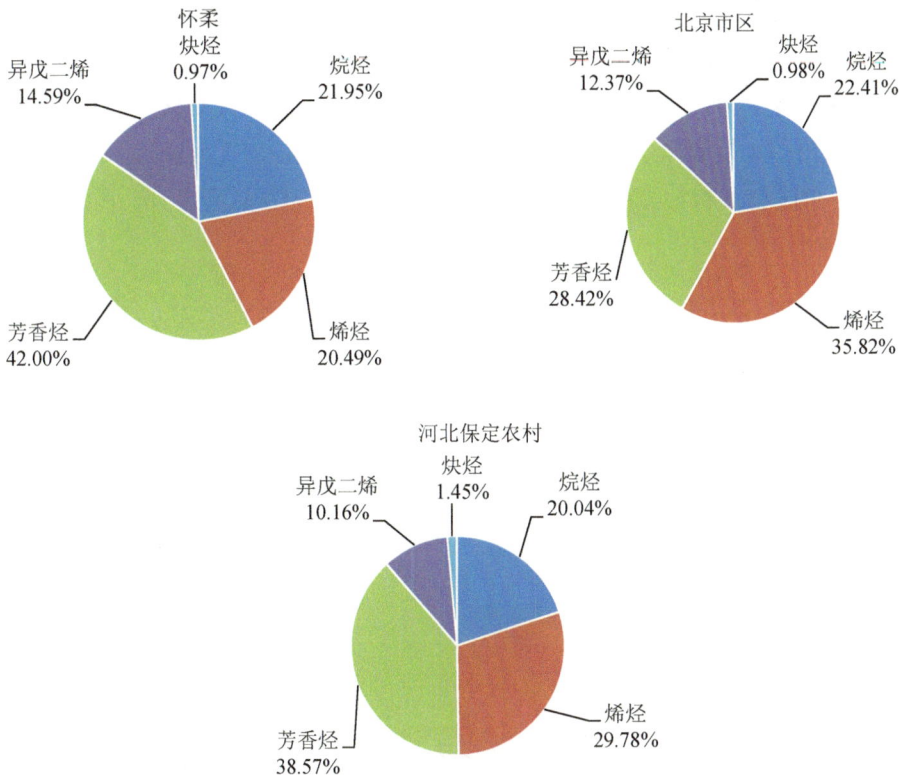

图 3-18　不同观测站点 NMHCs 各组分对 OFP 的贡献

3.2.3.4　VOCs 来源解析研究

本书选取怀柔、北京市区以及河北保定农村3个观测站点,采用PMF模型开展大气VOCs来源解析研究。由于采样期间为夏季,污染源排放的VOCs传输到观测站点反应活性较大的物种易被消耗,会对PMF结果产生影响。因此,我们选取反应活性相对较低的物种进行解析,由于异戊二烯是植物源的特征物种,予以保留。

图 3-19 为不同观测站点各类源因子相对贡献,结果表明,不同地区VOCs的来源有一定的差异。怀柔站点识别出五类源,分别为植物排放源、生物质燃烧源、石油化工源、机动车尾气排放源以及溶剂挥发源。其中,贡献最大的是机动车尾气排放源,贡献占比为

38.63%；受周围居民燃烧秸秆和农作物的影响，生物质燃烧源仅次于机动车尾气排放源，占比为 18.96%；石油化工源的贡献也不容忽视，为 16.07%；同时，观测区域位于郊区，受周围植被影响，植物排放对 VOCs 有一定贡献，植物排放源占比为 12.73%；此外，溶剂挥发对怀柔地区 VOCs 也有一定贡献，溶剂挥发源占比为 13.60%。

北京市区和河北保定农村地区均识别出了六类源，分别为机动车尾气排放源、固体燃料相关排放源、植物排放源、溶剂挥发源、烷烃相关源以及未知挥发源。研究结果表明，除去未知挥发源，北京市区机动车尾气排放源贡献最大，占比为 24.80%，固体燃料相关排放源与溶剂挥发源的贡献相近，占比分别为 19.30% 和 18.20%，植物排放源贡献占比为5.30%；相比市区，处于郊区的河北保定农村地区 VOCs 的来源有一定差异，机动车尾气排放源的贡献略低于市区，占比为 17.10%，烷烃相关源贡献较为显著，占比为 28.60%，其次为固体燃料相关排放源，贡献略低于烷烃相关源，占比为 25.70%；溶剂挥发源贡献占比为 9.50%；郊区植被相对覆盖率大，植物排放对 VOCs 的贡献会上升，占比为 7.30%。

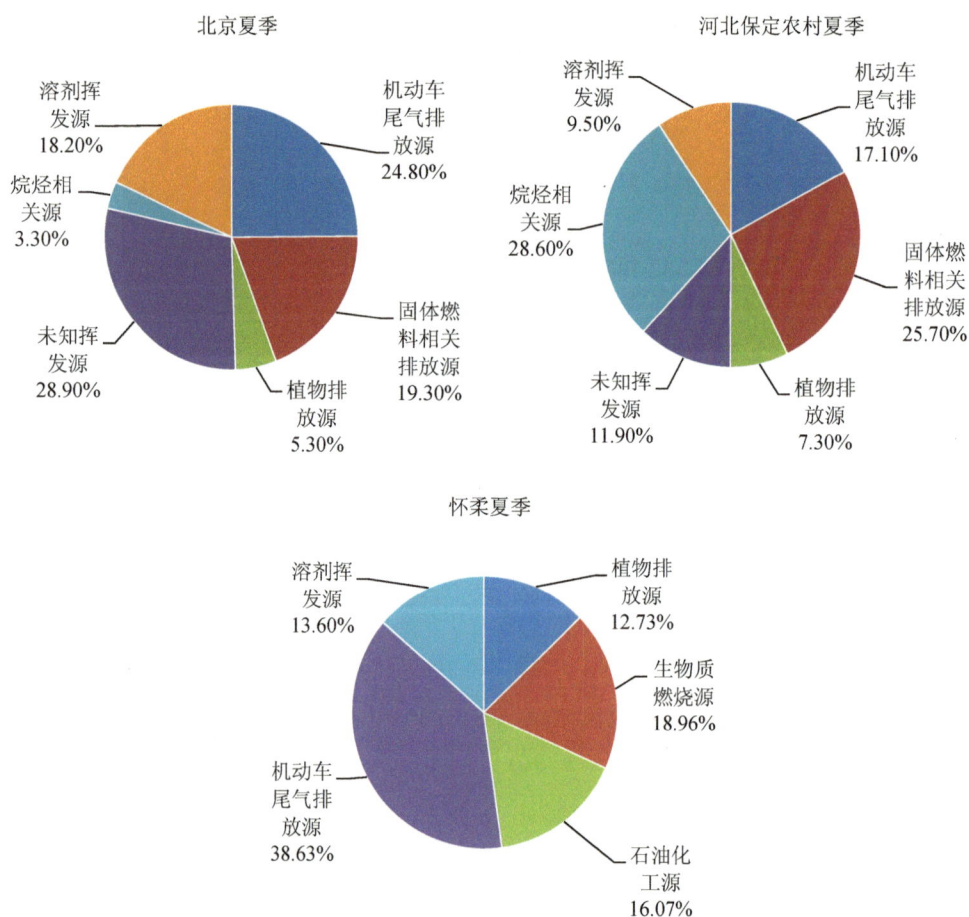

图 3-19　不同观测站点各类源因子相对贡献

3.2.4　冬季典型重污染过程 O_3 光化学污染特征

为深入探讨研究区域大气氧化性对颗粒物生成的影响，本书选定了北京市区为观测点，于冬季典型颗粒物污染期间（2016 年 1 月），在北京站点开展 O_3、无机前体物、$PM_{2.5}$ 及其组分的强化观测，评估强化观测期间 $PM_{2.5}$ 的超标情况，以掌握观测区域内 $PM_{2.5}$ 污染特征，并对比分析不同过程污染特征及演变，初步分析大气氧化性对颗粒物生成的影响。

3.2.4.1　大气光化学污染水平

图 3-20 为北京冬季观测期间 O_3 浓度时间变化序列。结果显示，北京冬季 O_3 浓度整体较低，小时浓度最大值为 67.5 $\mu g/m^3$，远低于 O_3 小时浓度标准 200 $\mu g/m^3$。一方面，冬季气温最低，太阳辐射也最弱，造成光化学反应的气象条件最差；另一方面，冬季边界层高度通常很低，地面排放的污染物易于积累，在弱光化学条件下，NO 等污染物对 O_3 的消耗作用更显著。从观测到的 O_3 浓度频数分布来看，冬季 O_3 浓度主要集中在 35～60 $\mu g/m^3$。另外，O_3 浓度虽然较低，但也呈现明显的日变化特征，13:00 达到峰值，夜间也有一较小峰值，出现在 04:00，可能与夜间低空急流等对地面 O_3 混合抬升效应有关。NO 日变化特征和 O_3 相反（图 3-21），早晚高峰，午间低值，表明了 NO 与 O_3 的"气相滴定"反应对两者的相互抑制作用。

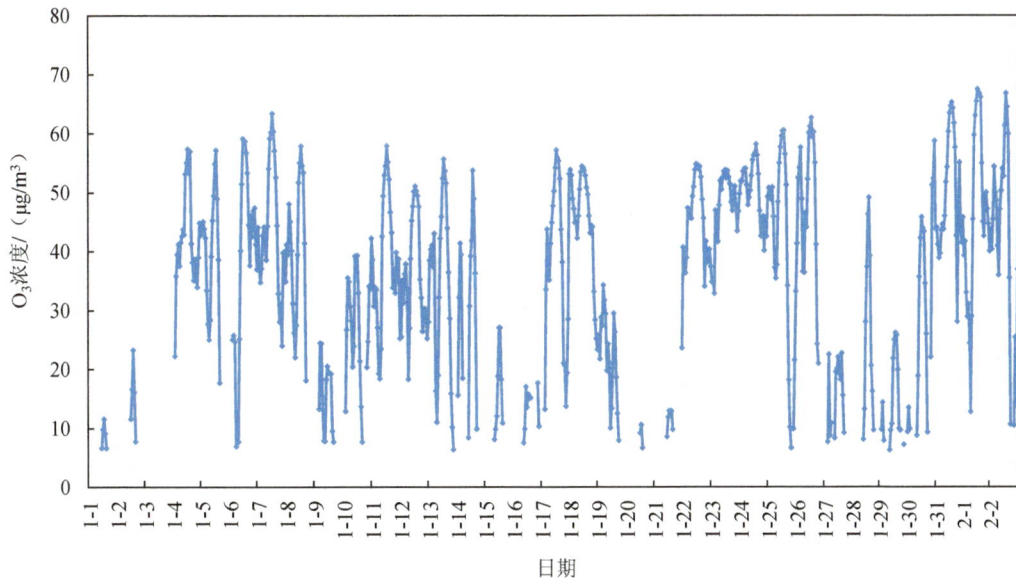

图 3-20　北京冬季观测期间 O_3 浓度时间变化序列

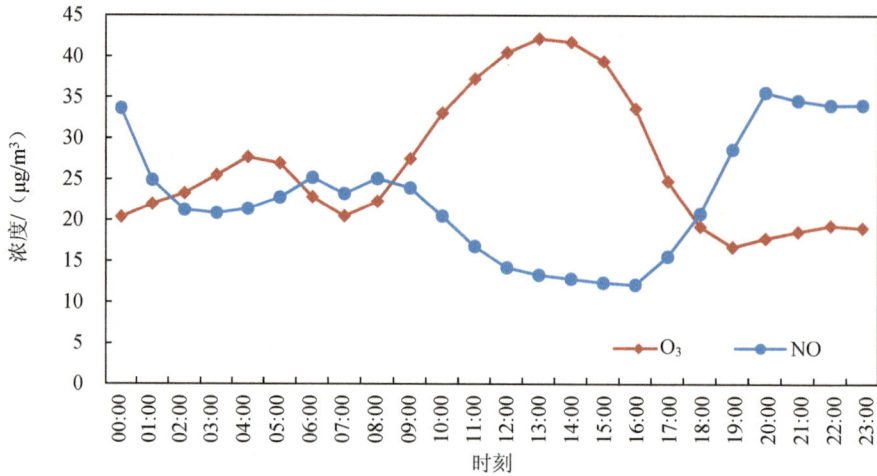

图 3-21　北京冬季观测期间 O_3 及 NO 日变化特征

3.2.4.2　大气重污染过程特征

图 3-22 为北京冬季观测期间 $PM_{2.5}$ 浓度时间变化序列。结果显示，北京冬季 $PM_{2.5}$ 浓度大致为 11.3～262.5 μg/m³，均值为 61.1 μg/m³，最大值高达 549.0 μg/m³，日均值最大值为 262.5 μg/m³，最大超标倍数为 2.5 倍。观测期间共超标 9 d，出现 4 个污染过程，分别为 1 月 1—3 日、1 月 15—16 日、1 月 20—21 日和 1 月 27—28 日。第一个过程持续时间长为 3 d 且 $PM_{2.5}$ 浓度较高，其他 3 个过程 $PM_{2.5}$ 浓度相对较低且持续时间较短，均为 2 d。从 $PM_{2.5}$ 日变化特征看（图 3-23），$PM_{2.5}$ 日变化呈"W"状，夜间 $PM_{2.5}$ 浓度较高，可能与夜间大气层稳定，颗粒物容易累积有关。

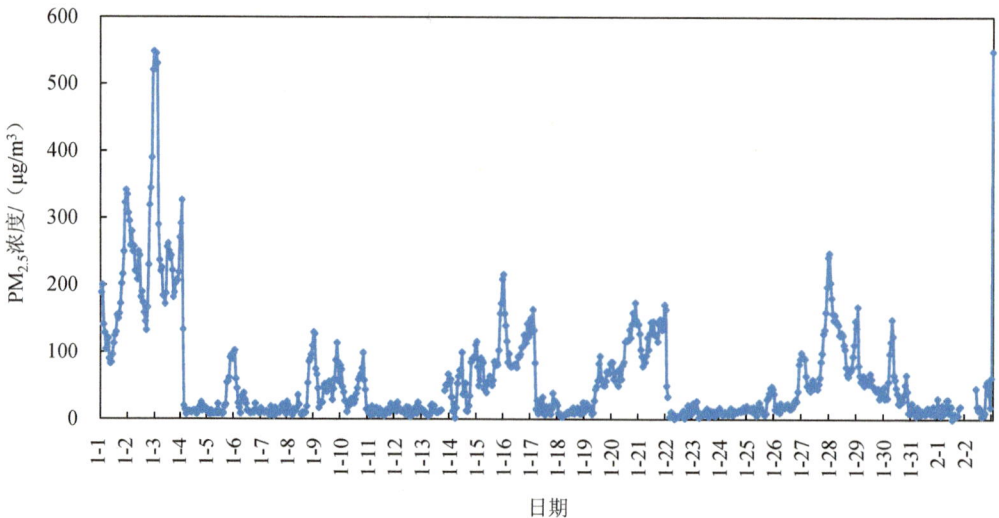

图 3-22　北京冬季观测期间 $PM_{2.5}$ 浓度时间变化序列

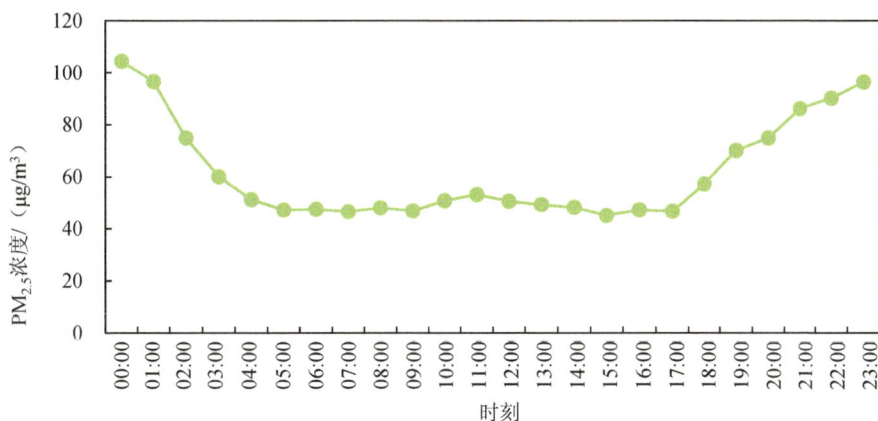

图 3-23　北京冬季观测期间 PM₂.₅ 日变化特征

3.2.4.3　光化学对大气重污染过程的影响

（1）冬季大气氧化性分析

1）PAN 浓度和颗粒物浓度的相关关系：

图 3-24 为北京冬季 PAN 浓度随时间变化序列。北京冬季 PAN 浓度较高，最高值能达到 4.2 ppb，一方面说明北京冬季的大气氧化性较强，导致生成 PAN 等二次氧化剂的浓度较高；另一方面因为 PAN 主要的消除途径是热解，冬季气温较低，且静稳天气较多，利于 PAN 浓度的累积。值得注意的是，冬季 PAN 的浓度和颗粒物浓度具有很好的相关性（R^2=0.7260），颗粒物易累积受气象条件影响大，同时颗粒物可能与 PAN 的二次生成具有潜在关系（图 3-25）。

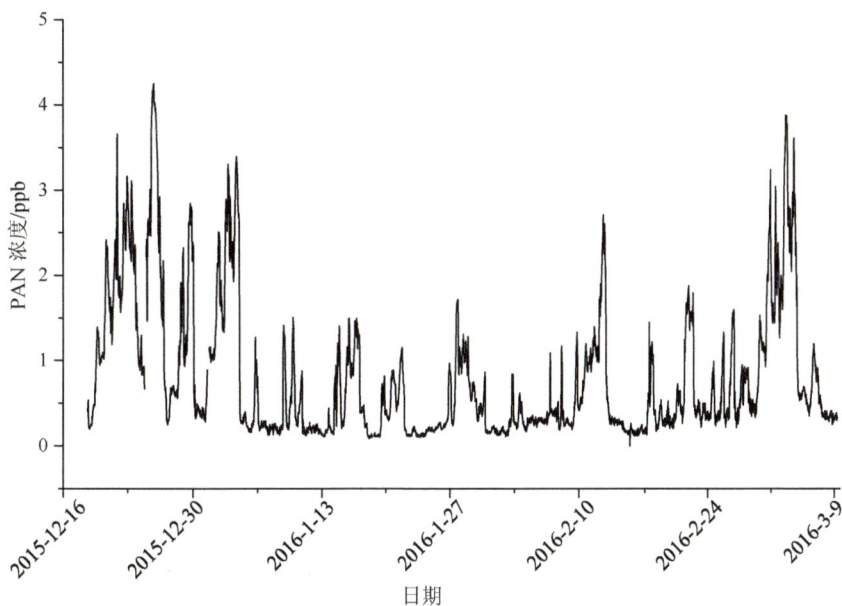

图 3-24　北京冬季 PAN 浓度随时间变化序列

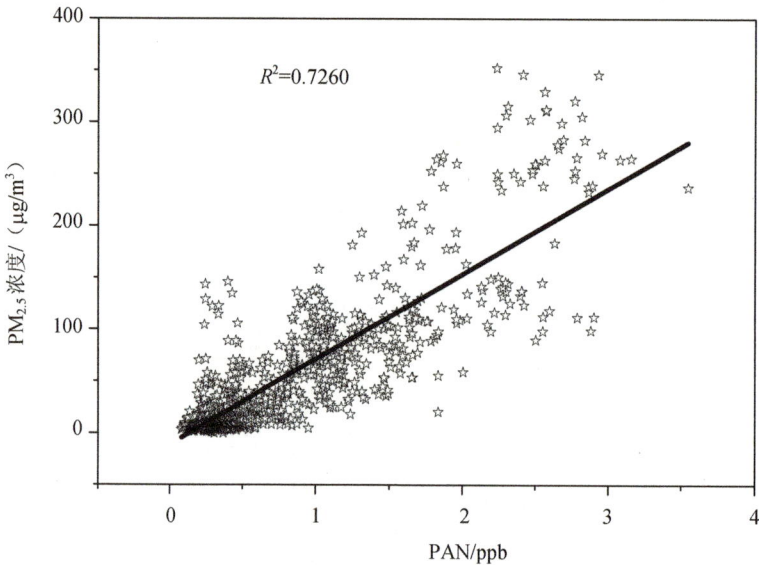

图 3-25　PAN 浓度和颗粒物浓度的相关性

2）OH 自由基与 NO_3 浓度：

利用丙烷和丙烯与 OH、O_3、NO_3 的反应速率常数，估算冬季大气中 OH 自由基与 NO_3 的浓度。结果表明，清洁天和灰霾天 OH 自由基浓度分别为 $3.47\times10^5\sim1.04\times10^6$ molecules/cm^3 和 $6.42\times10^5\sim2.35\times10^6$ molecules/cm^3，清洁天 NO_3 自由基浓度 $2.82\times10^9\sim4.86\times10^9$ molecules/cm^3，说明冬季重污染天大气氧化性并不低于清洁天。

（2）典型重污染过程大气氧化性作用分析

对冬季加强观测期间重污染过程进行深入分析，可以发现，在 2016 年 1 月 7—22 日的观测中发生了 3 次重污染过程，分别为 Case 1、Case 2 和 Case 3。其中，在 Case 1 污染过程中二次组分 SO_4^{2-} 和 NO_3^- 占比未发生明显变化，而一次污染物 NO_2、SO_2 浓度变化较为明显，说明本次污染过程可能是新鲜气团。在 Case 2 过程中 SO_4^{2-} 和 NO_3^- 浓度不断积累，HONO、H_2O_2 浓度也随之升高，一次污染物 NO_2、SO_2 浓度在开始阶段浓度较高，之后浓度降低，说明 Case 2 是由一次污染源传输之后在本地进行二次化学转化造成的。Case 3 过程的 SO_4^{2-} 和 NO_3^- 虽然也同 Case 2 一样逐渐累积，但 NO_2、SO_2 浓度在整个过程中并无明显升高，说明污染原因与 Case 2 是有显著差异的，主要由二次污染物传输引起的（图 3-26 和图 3-27）。

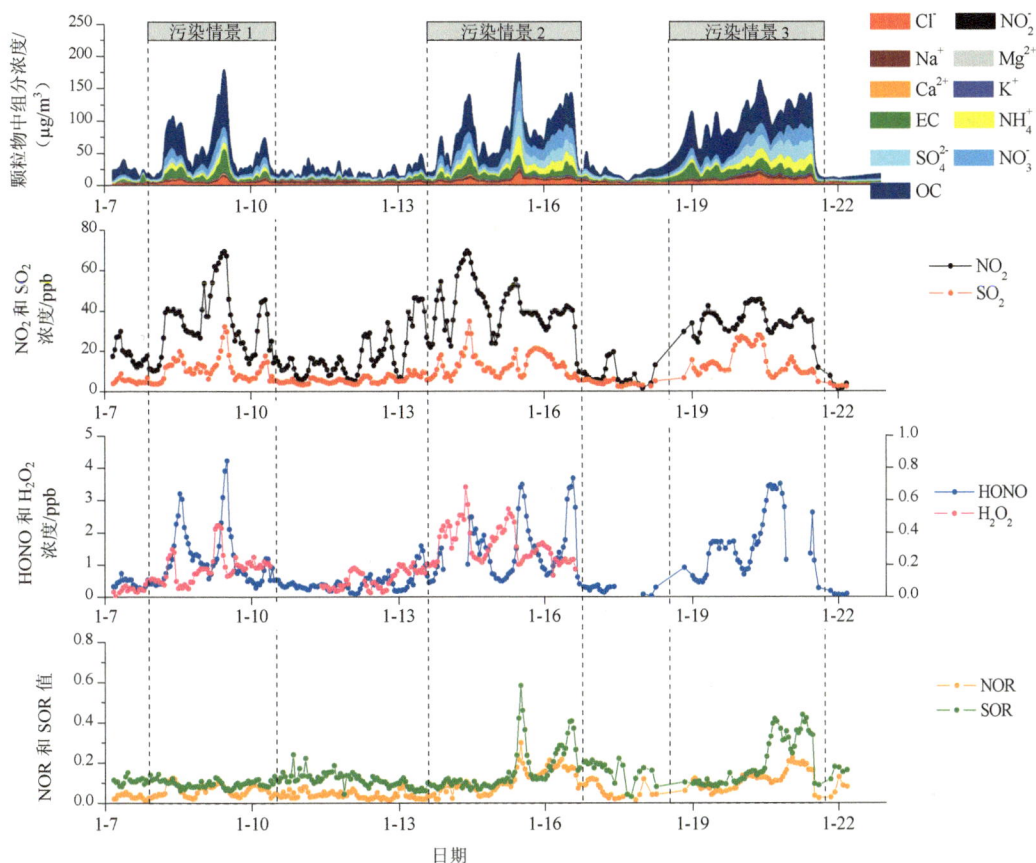

图 3-26　重污染过程水溶性离子、NO_2、SO_2、HONO、H_2O_2 浓度变化

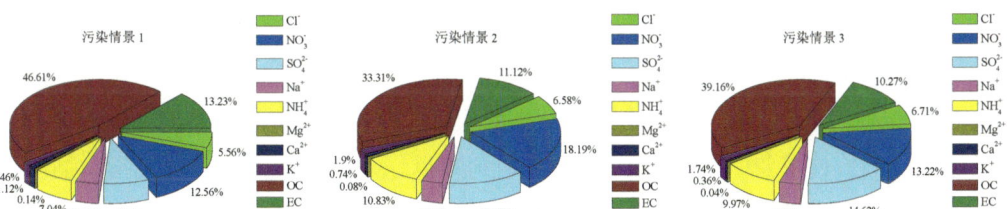

图 3-27　不同污染过程水溶性离子占比

　　结合气象条件（图 3-28）来分析这 3 次污染过程，可知在 Case 2 和 Case 3 污染时段内，湿度是逐渐升高的，与 SO_4^{2-} 和 NO_3^- 的变化十分吻合，许多研究已证明高湿度条件会促进新粒子的生成。从风速风向来看，发现在 Case 3 污染开始前风速明显增大，这有利于污染物传输。在 Case 2 和 Case 3 中硫转化效率（SOR）和氮转化效率（NOR）（图 3-26）也随 $PM_{2.5}$ 中 SO_4^{2-}、NO_3^- 浓度的升高明显上升。此外，SOR 增长速率相较于 NOR 来说更为明显，几乎瞬间增大。相对应的 $PM_{2.5}$ 浓度也快速增长。

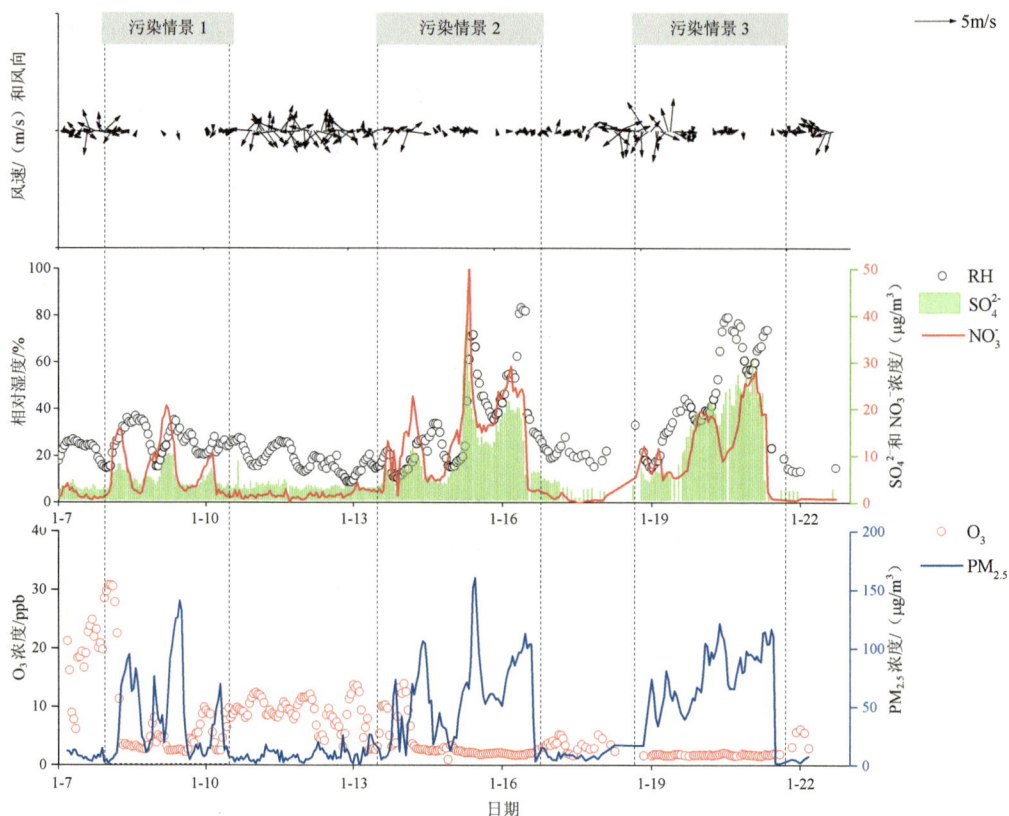

图 3-28　北京市区 2016 年冬季气象因素变化情况

3.3　大气光化学中间产物污染特征

过氧化氢（H_2O_2）是大气中重要的氧化剂，能够消耗大气中自由基 HO_x，作为大气光化学反应中的一种重要中间产物，H_2O_2 观测值可以作为大气光化学过程的指示剂，研究 H_2O_2 的大气化学行为具有重要的科学意义。

PAN 是大气光化学反应产生的重要二次污染物。它没有天然源，只能在光的参与下，经非甲烷烃氧化生成过氧乙酰自由基，随后与 NO_2 反应产生。与 O_3 相比，PAN 具有更低的背景浓度（几十个 ppt 至几百个 ppt），是一种更合适的大气光化学污染指示剂，还可作为光化学烟雾发生的依据。由于受监测仪器方面的限制，有关大气光化学污染指示剂 PAN 的监测却十分缺乏，仅有研究人员开展了短暂而集中的观测研究。本书针对河北保定农村夏季、怀柔地区秋季大气中 PAN 浓度进行了系统观测。

气态亚硝酸（HONO）作为日间 OH 自由基的重要来源，贡献率达 30%～80%，对大气光化学过程具有重要作用。OH 自由基是对流层化学反应的主要驱动力，探索其形成机制和消耗机制有重要意义。光解反应是 OH 自由基形成的关键，O₃ 光解、HCHO 光解、HONO 光解等系列反应都有 OH 自由基生成。很多观测实验表明 HONO 存在较强的未知源，并且未知源可能来源于地面。本书着重研究了怀柔地区 HONO 的浓度特征及河北农田土壤 HONO 的排放特点。

　　为深入探讨研究区域内大气氧化性变化以及日夜间大气化学过程对 O₃ 生成的影响，选定怀柔地区与河北保定农村地区为实验观测场地，开展 O₃ 及其前体物和光化学中间产物的联合观测，以掌握不同区域大气光化学污染水平。同时，着重对怀柔地区 HONO 的浓度特征及河北农田土壤 HONO 的排放特点进行研究。

　　在怀柔（国科大）和河北保定农村地区，主要针对大气中的 HONO、PAN、H₂O₂ 等进行观测；观测时段为 2016 年 7—10 月，怀柔地区的观测主要集中在秋季，而河北保定农村地区主要对夏季的光化学产物进行连续在线观测。

3.3.1　大气 H_2O_2 的浓度变化

　　图 3-29 为 2016 年和 2017 年夏季河北保定农村地区 H₂O₂ 浓度随时间变化序列，H₂O₂ 均呈现典型的日变化趋势，且 H₂O₂ 浓度整体较高，这也与农村地区 NO$_x$ 较低，有利于过氧自由基之间双分子反应有关。2016 年观测时间段主要集中在 7 月、8 月，而 2017 年观测主要集中在 6 月，2016 年观测时间段 H₂O₂ 平均浓度高于 2017 年，H₂O₂ 的生成不仅与前体物 VOCs 和 OH 自由基等有关，还与光辐射强度、温度以及湿度等气象因素有关，从图 3-30 可以明显看出，2016 年 7 月、8 月白天的相对湿度要明显高于 2017 年 6 月，因此更有利于 H₂O₂ 的局地生成。

　　图 3-31 为 2016 年和 2017 年河北保定农村地区观测时间段 H₂O₂ 的日均浓度时间变化序列。由图 3-31 可知，H₂O₂ 日变化峰值点基本一致，从 08:00 开始，H₂O₂ 开始快速抬升，表明光化学反应快速进行。在 16:00 左右，达到峰值，峰值的时间点取决于 H₂O₂ 生成和消耗的平衡点，16:00 以后 H₂O₂ 浓度开始快速下降，这是 H₂O₂ 的干沉降导致的。

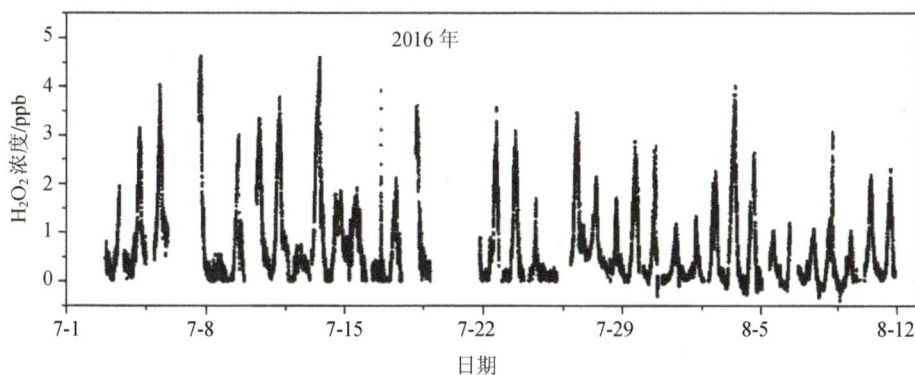

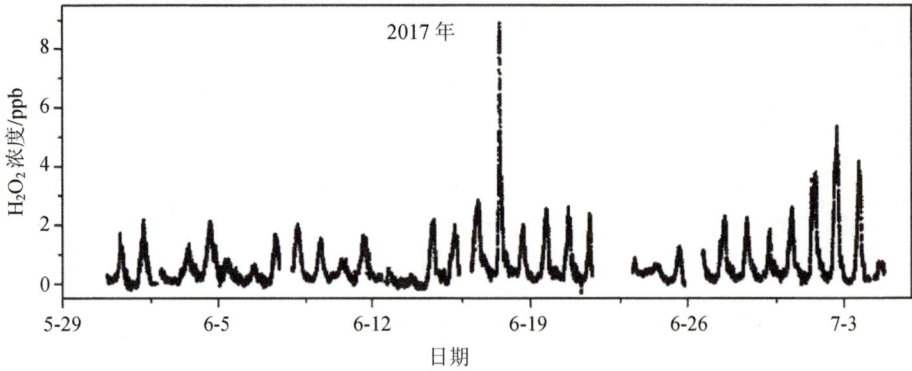

图 3-29　2016 年和 2017 年夏季河北保定农村地区 H$_2$O$_2$ 浓度随时间变化序列

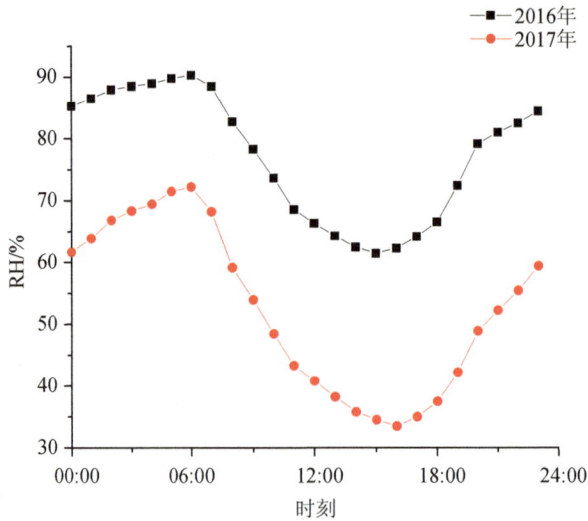

图 3-30　2016 年与 2017 年河北保定农村观测时间段相对湿度（RH）平均日变化

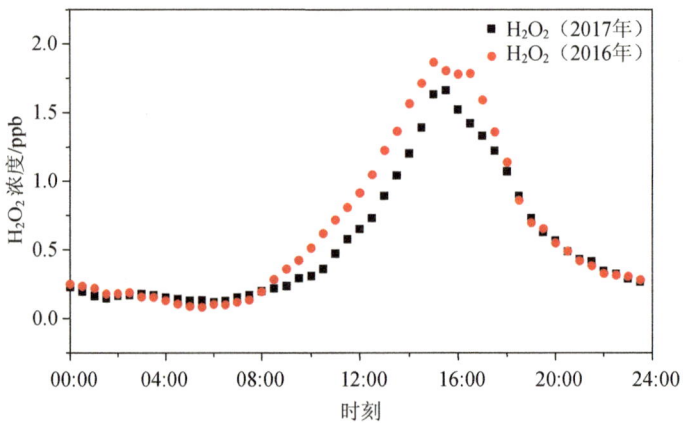

图 3-31　2016 年和 2017 年河北保定农村地区观测时间段 H$_2$O$_2$ 的日均浓度时间变化序列

怀柔地区 H₂O₂ 观测的采样时间为 10 月 1—7 日和 13 日、14 日的白天 07:00—18:30，每隔 30 min 采集一次样品，共获得 178 个有效数据。观测期间怀柔地区大气中 H₂O₂ 的平均浓度为 0.75 ppb，观测期间最大值达 2.2 ppb。H₂O₂ 与 O₃ 浓度变化情况整体较为一致。4—6 日受降雨天气影响，H₂O₂ 通过液相去除，浓度较低。

由观测期间 H₂O₂ 平均日变化情况可知（图 3-32），H₂O₂ 浓度变化在白天呈波动式上升，13:00—14:00 达到峰值，观测期间的平均峰值浓度为 1.05 ppb。与其他研究中 H₂O₂ 峰值出现在 O₃ 浓度峰值之后不同，怀柔地区 H₂O₂ 峰值出现时间早于 O₃，进一步说明怀柔地区 O₃ 浓度污染的区域传输作用。

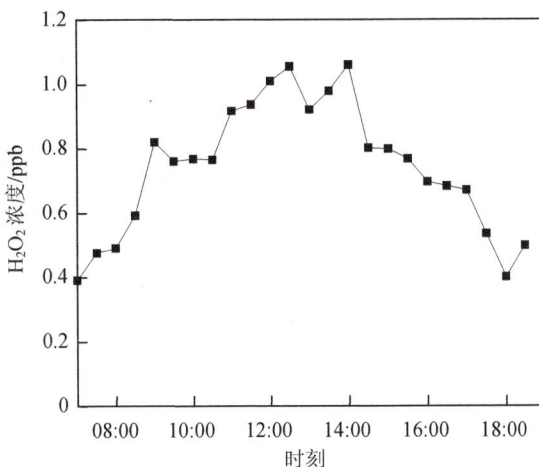

图 3-32 北京怀柔地区 H₂O₂ 平均日变化

3.3.2 大气 PAN 的浓度变化

图 3-33 为北京怀柔地区 PAN 时间变化，2016 年 9 月 6 日—10 月 19 日 PAN 的平均浓度为 1.0 ppb。受气象条件和光化学反应的共同影响，PAN 浓度变化起伏较大，观测期间最高值达到了 6.5 ppb。在几次强烈的光化学反应过程中，PAN 浓度均有明显升高。观测期间处于夏秋之季，怀柔地区气温相对较高，温度与 PAN 的相关系数仅为 0.36，因此光化学反应相较于热解反应来说是主导因素。

北京怀柔地区 PAN 的平均日变化呈"单峰型"，在 14:00—15:00，PAN 浓度达到峰值，与 O₃ 浓度变化趋势相似。这是由于 PAN 和 O₃ 均来源于光化学反应。观测期间 PAN 平均峰值大小为 1.6 ppb，和河北农村观测结果在同一数量级。PAN 与 O₃ 的相关系数为 0.65，两者有一定的相关性，但生成与消耗过程存在差异。PAN 与 PM₂.₅ 也有较好的相关性，相关系数高达 0.76，一方面是由于两者共同受气象条件的影响；另一方面 PAN 作为二次氧化剂对 PM₂.₅ 的生成可能有一定的贡献。

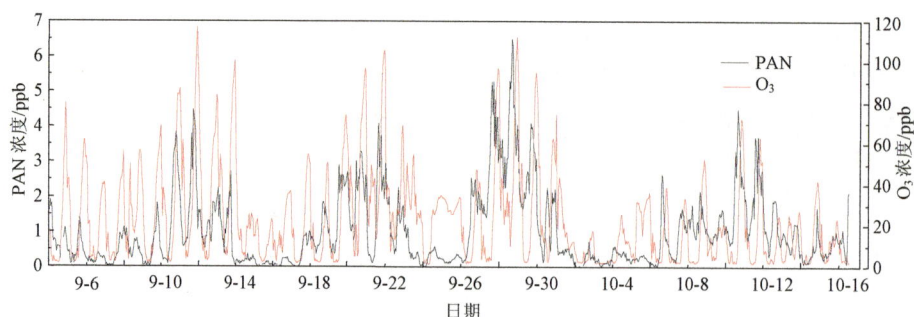

图 3-33　北京怀柔地区 PAN 时间变化

河北保定农村地区夏季 PAN、H_2O_2、O_3 浓度的平均日变化表明，PAN 作为二次氧化剂，和 H_2O_2、O_3 一样在夏季呈现典型日变化，中午太阳辐射最强的时候达到最高浓度，平均最高浓度只有 1.2 ppb，与城市地区夏季相比，浓度较小，可能因为农村地区氧化后生成过氧乙酰基的前体物 VOCs 浓度较低。

3.3.3　夏季 HONO 变化特征

HONO 作为日间 OH 自由基的重要来源，对大气光化学过程具有重要作用。图 3-34 为观测期间怀柔地区夏季 HONO 浓度时间序列变化，观测期间（2016 年 7 月 2 日—9 月 12 日）HONO 的平均浓度为 0.4 ppb，最大值为 1.7 ppb。相对于其他研究来说，怀柔地区夏季 HONO 浓度较小，一方面是由于夏季太阳辐射较强，HONO 易发生光解反应；另一方面怀柔位于城郊地区，含氮化合物浓度相对城区较小。

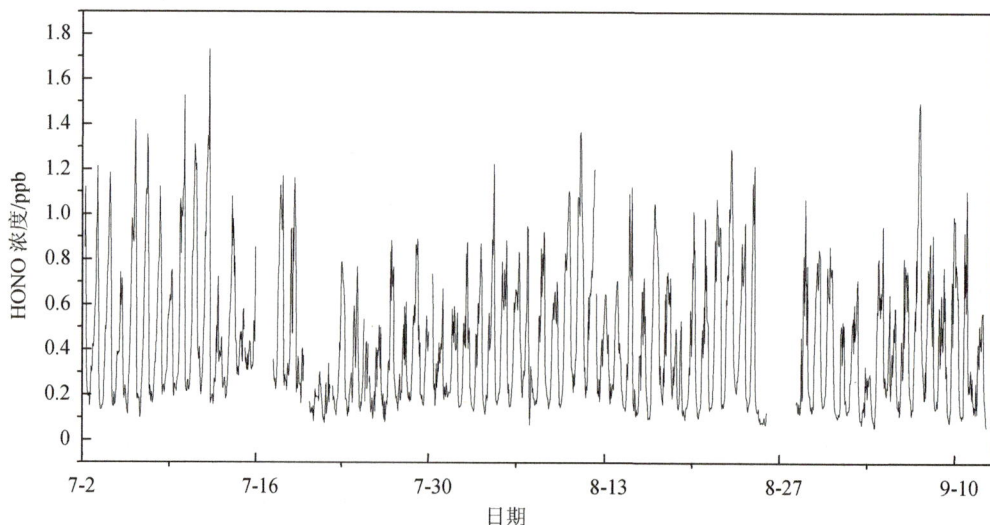

图 3-34　观测期间怀柔地区夏季 HONO 浓度时间序列变化

图 3-35 为观测期间怀柔地区夏季 HONO 平均日变化，可以看出 HONO 和 O₃一样在夏季呈现典型的日变化，不同于 O₃在午后浓度达到峰值，HONO 日变化趋势为夜间高、白天低，观测期间 HONO 浓度峰值出现在 05:00，平均夜间峰值大小为 0.74 ppb。夜间高浓度 HONO 主要是相对湿度升高下非均相反应的贡献和边界层高度下降积累共同造成的。白天 HONO 浓度降低的主要影响因素是 HONO 的光解反应和边界层抬升作用。

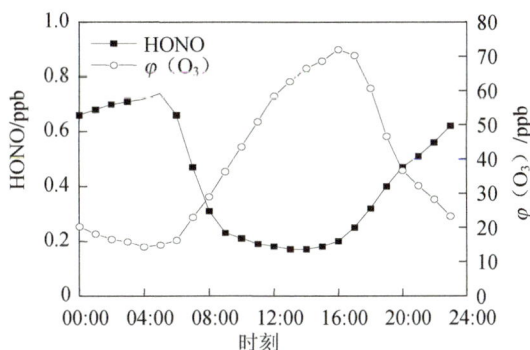

图 3-35　观测期间怀柔地区夏季 HONO 平均日变化

3.4　O₃污染区域传输特征分析

为研究气团的输送对 O₃等污染物的影响，使用后推气流轨迹聚类分析（HYSPLIT）模式以及全球再分析气象资料（GDAS），分析怀柔和饶阳站点气团来源情况及影响因素，并分析两个站点与周边站点污染物的同步变化情况。

3.4.1　气团影响因素分析

3.4.1.1　怀柔地区气团影响因素

为研究气团的输送对怀柔观测站点 O₃等污染物的影响，本节利用美国国家海洋和大气管理局（NOAA）的 HYSPLIT 模式以及 GDAS，模拟出观测期间（2016 年 6 月 20 日—9 月 30 日）北京时间 14:00 以及 02:00 到达怀柔站，距地面高度为 100 m 的气团后推 36 h 的输送轨迹，并将每日单个气团轨迹进行聚类分析，得到怀柔观测站点夏、秋季气团来向统计结果。

夜间到达怀柔站的气团来向与日间情况相似，分为三类气团：第一类气团来自正南方扇区，是占比最高的一类气团，为 57%，起源于德州附近，沿衡水、保定方向向北输送至怀柔；第二类气团来源于怀柔正北偏西方向，占比为 27%，起源于蒙古国，途经锡林浩特向南输送至怀柔；第三类气流来源于怀柔正东方向，占比为 16%，起源于辽宁省西部地区，途经河北省唐山市及承德市部分地区输送至怀柔站点。夜间的三类气团均属于低空输送气流，起点高度均在 500 m 以下，来自北方的气团到达怀柔前 12 h 内高度为 100 m 左右，另两类气团为持续低空输送，极易携带大量沿途排放的污染物。

14:00 到达怀柔站点气团主要来自正南方，沿衡水、保定及涿州一线及周边地区向怀柔输送。另两类气团同样不可忽视，一类（占比 28%）来自怀柔正东方向的输送，起源于承德附近；另一来自北方的气团占比为 25%，起源于蒙古国，途经锡林浩特及沽源县附近沿线地区。三类气团均为低空输送气团，易携带途经地区排放的各类污染物。

总体而言，从气流轨迹模拟分析结果看，怀柔站点的污染情况可能较大程度受周边地区污染物排放的影响，但对其影响显著的地点或影响程度等具体情况还需进一步分析。

3.4.1.2 饶阳地区气团影响因素

为研究周边气团的输送对饶阳站 O_3 等污染物的影响，本书利用 NOAA 的 HYSPLIT 模式以及 GDAS 计算观测日北京时间 14:00 和 02:00 到达饶阳站距地面 100 m 高度的气团后推 36 h 的传输轨迹，并将单个轨迹进行聚类分析。

白天接近正午条件下，饶阳站的气团大部分第一类来自其正南扇区，基本沿山东菏泽、聊城及河北衡水一线及其周边输送至饶阳，占比为 62%；第二类不可忽视的气团是来自正东方向的输送，占比为 28%，起源于渤海湾，途经沧州及其移动地区。这两类气团均为低高度移动气团，起点高度均在 500 m 以下，在最后 12 h 高度不足 200 m，因此极易携带大量沿途排放的污染物。第三类气团来自北偏西扇区，属于起源于内蒙古东端的高远型气团，大部分时段在 1500 m 以上高度移动，但在最后数小时下沉到近地层，因此可携带保定、任丘等地排放的污染物。

夜间到达饶阳的气团来向较白天复杂，总共可分为 5 种类型。最多的气团（34%）来自南偏东扇区，轨迹走向与白天正南扇区的接近。其次是一类正东扇区渤海湾来的气团（30%），一类来自西南侧的石家庄以东地区较近距离气团（26%）的影响。剩下的两支气团一个南偏西（9%），一个北偏西（2%）。来自北边的少量气团也是高、远轨迹，只有短时间可能受沿途排放的直接影响，而其他的从西到南到东的气流移动高度都很低，基本全程都可能受沿途排放的影响。

综上所述，从气团轨迹分析结果看，饶阳站的污染物观测会严重受周边排放的影响。不同情况下，具体受哪里的影响更为显著，以及对观测结果产生什么影响，需要深入的分析。

3.4.2 区域范围内污染物同步特征分析

3.4.2.1 怀柔与周边站点间污染物同步特征分析

为分析怀柔与周边站点间 O_3 等相关污染物浓度的相互关系，本书将怀柔站的 O_3 和 NO_2 强化观测结果与怀柔区和北京市区同步取得的观测结果进行比较。图 3-36 为怀柔站 O_3 浓度小时均值与怀柔区国控点、北京国控点监测的 O_3 浓度小时均值的对比。从日间波动来看，各站点 O₃ 浓度具有一定的同步性，由数日构成的高浓度时段和低浓度时段也基本一致，如 2016 年 7 月 2—11 日的重污染过程，7 月 25—31 日的重污染过程，污染时段基本一致。

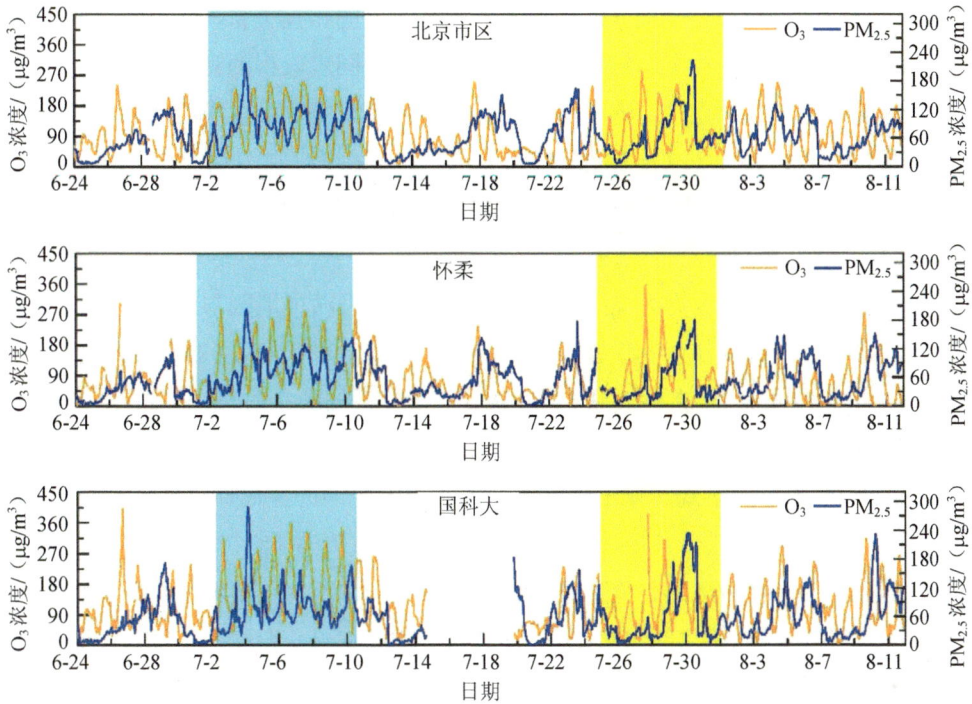

图 3-36　怀柔站 O₃ 浓度小时均值与怀柔区国控点、北京国控点监测的 O₃ 浓度小时均值的对比

图 3-37 为怀柔站点和北京站点 O₃ 浓度平均日变化浓度特征，怀柔站点 O₃ 浓度峰值后移，且峰值浓度比北京站点高，结合后向气流轨迹模拟的结果，体现了较为明显的区域传输特征。

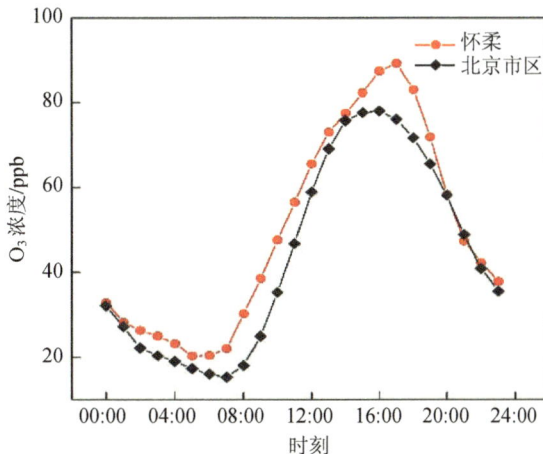

图 3-37　怀柔站点和北京站点 O₃ 浓度平均日变化浓度特征

北京站点和怀柔站点前体物特征分析结果显示，怀柔站点 NO_2 浓度显著低于北京站点，说明受污染排放的影响明显低，更高的 O_3 浓度应为输送的结果。

3.4.2.2 饶阳与周边站点间污染物同步特征分析

为分析饶阳站与周边站点间 O_3 等相关污染物浓度的相互关系，本书将饶阳站 O_3 和 NO_2 的观测结果与沧州市 3 个站点以及衡水市 3 个站点同步取得的观测结果进行比较。从日间波动情况来看，各站点 O_3 浓度具有一定的同步性，由数日构成的高浓度时段和低浓度时段也基本一致。饶阳站 O_3 浓度与城市站点的 O_3 浓度存在很高的相关性。例如，饶阳站的 O_3 浓度与衡水市环境保护局的 O_3 浓度相关系数为 0.83，与沧州市环境保护局的 O_3 浓度相关系数为 0.77。

日间的 O_3 浓度基本上均为饶阳站最高，而夜间则为城市地区与饶阳这样的农村站点浓度接近，或者个别时段甚至低于饶阳站点。平均而言，基本上从 08:00 开始饶阳站点 O_3 浓度就比城市地区的高，一直持续到 19:00 为止，在午后的数小时里饶阳站点 O_3 浓度小时均值甚至比城市站点高 50 ppb 以上。

饶阳站点 O_3 浓度高于周边城市地区的现象主要不是因为在局地有更多的 O_3 生成。同时，饶阳站 NO_2 浓度远低于其周边城市地区。虽然，饶阳站 NO_2 浓度的波动与沧州市环境保护局、沧州市电视转播站、沧县住房和城乡建设局、衡水市环境保护局、衡水市电机北厂、衡水市环境监测站所测得的 NO_2 波动具有一定相似性，但这种相似性主要是一些高值时段的浓度同步升高造成的，大部分时段饶阳站 NO_2 要比城区的低得多，其波动的一致性也较差，以至于饶阳站 NO_2 浓度与城区 NO_2 浓度虽然存在统计显著相关，但相关度并不很高。因此，城市地区和农村地区的光化学前体物条件存在较大的差异。

从上述观测结果可以得出，一方面饶阳站较低的 NO_2 不足以支撑更多的 O_3 局地产生；另一方面城市地区气流向饶阳输送途中经历了强烈的光化学与非光化学转化，大量 NO_x 转化为 NO_2，在到达饶阳站时残留的 NO_x 相较于城市地区已经降得很低。在气流输送途中的光化学转化过程中，O_3 会不断生成和积累，逐步达到高浓度，因此当气流到达饶阳等农村站点时，空气中含有明显更高浓度的 O_3。

第4章

典型地区大气 O_3 污染来源敏感性分析

O_3 污染形成机制复杂，受前体物排放和气象因素共同作用。前体物 NO_x 和 VOCs 排放是 O_3 污染形成的内因，O_3 污染程度与 NO_x 和 VOCs 排放特征密切相关。研究 O_3 生成控制前体物的敏感性，是制定 O_3 污染有效控制方案的基础。本章通过综合观测、烟雾箱实验、空气质量模拟技术相结合的方式研究典型区域 O_3 及其前体物之间非线性响应关系，即 O_3 生成对 VOCs 和 NO_x 的敏感化学特征，并区划我国 O_3 对 NO_x 与 VOCs 敏感性的空间分布和季节分布特征。①综合观测法是基于典型地区观测资料，分析 O_3 与 NO_x 和 VOCs 浓度以及 VOCs/NO_x 的关系，揭示典型区域大气污染事件过程中 O_3 生成的关键控制因素。②烟雾箱实验法是基于典型区域外场观测所获得的 VOCs 以及 NO_x 浓度，利用孪生烟雾箱模拟研究 O_3 生成的敏感化学特征，获得 O_3 敏感化学判据。③空气质量模式模拟法是利用多尺度空气质量模式系统（RAMS-CMAQ），运用数值敏感性试验和过程分析等方法，量化重点区域污染物的相互输送以及外来污染物对区域 O_3 污染的影响。

4.1 大气 O_3 污染来源敏感性研究方法

4.1.1 基于观测的 O_3 污染来源敏感性指标分析方法

4.1.1.1 VOCs/NO_x（TNMHCs/NO_x）比值法

VOCs/NO_x（TNMHCs/NO_x）比值法，为采用经验动力学模型方法曲线（EKMA 特征曲线）的 TNMHCs/NO_x 比值对观测期间 O_3 生成的敏感区进行判断的方法，即一天之中 O_3 前体物发生光化学反应产生日 O_3 最大值时 TNMHCs 和 NO_x 初始浓度的比值。[9] 当该比值大于 15 时，O_3 的生成更依赖于 NO_x，此时，改变 NMHCs 的浓度对 O_3 的生成影响不大，

控制 NO_x 则能达到控制 O_3 的效果，即 O_3 生成对控制 NO_x 敏感；当 NMHCs/NO_x 比值小于 4 时，O_3 的产生受 NMHCs 控制，对 NMHCs 排放进行控制可以达到控制 O_3 的目的，即 O_3 生成对控制 VOCs 敏感。当 TNMHCs/NO_x 比值大于等于 4 小于等于 15 时，O_3 的产生同时受 NMHCs 和 NO_x 控制，对 NMHCs 和 NO_x 排放进行控制均可以达到控制 O_3 的目的，即 O_3 生成处于过渡区。

4.1.1.2 H_2O_2/NO_z（H_2O_2/HNO_3）比值法

大气中 H_2O_2 是一种重要的大气氧化剂，是大气光化学反应生成的一种重要中间产物，可以作为大气光化学过程的指示剂，研究 H_2O_2 的大气化学行为具有重要的科学意义和现实意义。[10] 夏季，在低 NO_x 条件下，HO_x 自由基的主要汇的通道是通过 HO_2 双分子结合生成气态 H_2O_2；而在高 NO_x 条件下，HO_x 自由基主要消除通道是与 NO_x 反应生成 HNO_3。因此，一般 H_2O_2/HNO_3 的比值可以用来判断局地 O_3 生成是 NO_x 控制还是 VOCs 控制。当 H_2O_2/HNO_3 比值大于 0.4 时，理论上说明 O_3 形成处于 NO_x 敏感状态。而当 H_2O_2/HNO_3 比值小于 0.4 时，这些地区的 O_3 形成处于 VOCs 敏感状态。由于在本书中并没有测定大气中的 HNO_3，而 NO_z 包括了 HNO_3，以往的模型研究中指出 H_2O_2/NO_z 比值同样也可以用来判定 O_3 生成的敏感性问题，所以我们选取光化学反应比较强烈的时间段 08:00—17:00，用 H_2O_2/NO_z 的比值进行 O_3 生成的敏感性判定。当 H_2O_2/NO_z 比值大于等于 0.4 时，理论上说明 O_3 形成处于 NO_x 敏感状态。而当 H_2O_2/NO_z 比值小于等于 0.15 时，这些地区的 O_3 形成处于 VOCs 敏感状态。

4.1.1.3   OPE 法

O_3 生成效率（OPE）可被用来指示 O_3 生成的敏感性。OPE 表示每分子 NO_2 被氧化成为 NO_z 所生成的 O_3 的分子数。OPE 较大时（OPE＞7），表明 O_3 的生成主要由 NO_x 控制；OPE 较小时（OPE＜4），表明 O_3 的生成主要是由 VOCs 控制；OPE 数值介于 4～7 时，则处于过渡区，同时受 NO_x 和 VOCs 控制。[11]

4.1.2   基于烟雾箱的 O_3 污染来源敏感性化学研究

4.1.2.1   孪生烟雾箱建设与性能指标测试

本书所用室内烟雾箱位于中国科学院生态环境研究中心环境技术楼八层楼顶，该系统分上下两层，楼上为 5 m^3 烟雾箱模拟舱，楼下为进气系统、反应条件控制系统，以及采样和监测系统，可以实现模拟过程中反应舱内条件（温度、湿度和光照条件）的系统控制。烟雾箱系统包括特氟龙（Teflon）反应器、进气系统（高纯钢瓶气）、湿度调节装置（气体吹扫）、温控单元（冷暖空调）、光照控制单元（63 根 365 nm 紫外灯管）、气体成分在线监测单元（安放在仪器仪表平台的在线仪器）、气体及颗粒物采样单元和离线分析单元等。烟雾箱仪器设备包括 SO_2、NO_x、NO_y、O_3、H_2O_2、PANs、VOCs、LOPAP HONO 分析仪、离子色谱仪和扫描电镜等，图 4-1 为烟雾箱系统设计示意图。烟雾箱关键技术指标主要有漏气率、壁效应和重现性等，本烟雾箱模拟实验的各项关键技术指标与国内外烟雾箱相当。

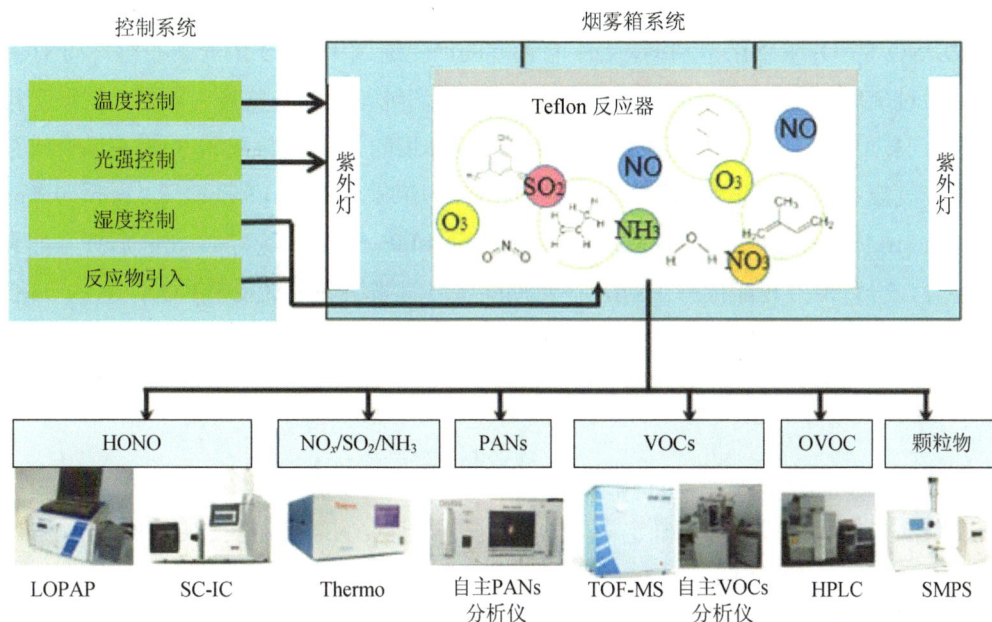

图 4-1　烟雾箱系统设计示意

本烟雾箱 O_3 壁损失速率常数为（7.47±0.18）×10^{-6} s^{-1}，NO_2 壁损失速率常数为（2.5±0.7）×10^{-6} s^{-1}。颗粒物壁损失大小与反应器体积有关，当单位体积比表面积小于 22 m^{-1} 时，颗粒物质量浓度随时间呈指数衰减，颗粒物壁损失速率常数为一定值；而当单位体积比表面积大于 22 m^{-1} 时，反应器内呈现颗粒物浓度反而升高现象，说明在反应器壁上的颗粒物会重新进入气相。湿度对颗粒物壁损失速率常数影响非常小，在 6%～95%湿度范围内，颗粒物壁损失速率常数在 3.2×10^{-5}～7.0×10^{-5} s^{-1} 变化。

4.1.2.2　烟雾箱 O_3 敏感性化学研究

基于近似光稳态 Leighton 反应关系式，通过对光照条件下烟雾箱中 NO、NO_2 和 O_3 浓度的实时监测，可计算烟雾箱开灯条件下的 NO_2 的光解速率常数。首先，在未开灯的条件下，烟雾箱温度控制在 25℃，随后在烟雾箱气袋中配置了 300 ppb 浓度的 NO_2 合成空气（3 m^3），稳定 1 h 后，打开烟雾箱 63 盏 365 nm 紫外灯，一直维持开灯状态 1 h，在此期间对气袋中 NO、NO_2 和 O_3 的浓度实时监测。

模拟不同系列丙烯浓度以及 NO_x 浓度条件下 O_3 生成的敏感性化学，获得丙烯/NO_x 的 O_3 生成敏感化学判据。在烟雾箱温度为 25℃未开灯条件下取不同体积的丙烯和 NO_2 标气配入 3 m^3 充满合成空气的烟雾箱气袋中，配成的丙烯浓度分别为 20.5 ppb、50.4 ppb、100 ppb、200 ppb 和 299.9 ppb；NO_2 浓度分别为 4.8 ppb、9.7 ppb、19.3 ppb、49.9 ppb 和 99.8 ppb。稳定 30 min 后打开烟雾箱的紫外灯，一直维持开灯状态 4 h，在此期间实时监测烟雾箱气袋中 NO、NO_2 和 O_3 浓度的变化情况。

模拟 OH 自由基引入对不同丙烯和 NO_x 浓度条件下 O_3 生成的敏感性化学，获得丙烯/NO_x 和 H_2O_2/NO_2 的 O_3 敏感化学判据。OH 自由基的产生通过 HONO 的光解获得，而 HONO 的产生通过硫酸和亚硝酸钠溶液的缓慢滴定，再由高纯氮气吹入气袋内获得。在烟雾箱温度为 25℃ 未开灯条件下取一定体积的丙烯和不同体积的 NO_2 标气配入 3 m^3 充满合成空气的烟雾箱气袋中，配成的丙烯浓度为 99.9 ppb，NO_2 浓度分别为 4.5 ppb、8.2 ppb、9.4 ppb、15.4 ppb、16.9 ppb、21.3 ppb、48.2 ppb、79.5 ppb 和 95.5 ppb。稳定 30 min 后打开烟雾箱的紫外灯，一直维持开灯状态 3.5 h，在此期间实时监测烟雾箱气袋中 NO_x、NO_y、H_2O_2、O_3 和 HONO 浓度的变化。

4.1.3 基于空气质量模式模拟的 O_3 污染来源敏感性研究

O_3 与前体物之间并不是线性相关的关系，且不同地区形成 O_3 的敏感性也不完全一致，通过空气质量模式模拟，可以确定本地 O_3 生成是处于 VOCs 控制区还是 NO_x 控制区。本书主要介绍了 RAMS-CMAQ 及技术路线。

4.1.3.1 区域大气气象模式（RAMS）

RAMS 是一个三维、非流体静力、可压缩的中尺度大气动力学模式，是美国科罗拉多州立大学基于 20 世纪 70 年代 Cotton 研发的模拟微尺度动力学系统与微物理过程（microscale dynamic systems and microphysical processes）的云模式和 Pielke 建立的模拟中尺度系统与陆面过程（mesoscale systems and the influence of land surface characteristics on the atmosphere）的中尺度动力学模式发展起来的。它具有多重嵌套能力，以适应对不同尺度研究的需要，可以模拟中-α 到中-γ 尺度对流系统，并可利用四维资料同化将各类气象观测资料同化到模拟过程，使模拟结果更接近实际。其模拟对象包括龙卷、雷暴、积云、非均匀地表上对流边界层中涡流、非均匀下垫面地气相互作用，以及动力和热力强迫下的中尺度大气运动等中小尺度现象，甚至可以模拟风洞内的湍流和建筑物周围的小尺度绕流现象。

4.1.3.2 多尺度空气质量模式（CMAQ）

本书采用的 RAMS-CMAQ 是在美国国家环境保护局新一代空气质量模式 Models-3 的核心模块 CMAQ 的基础上发展起来的（图 4-2）。CMAQ 代表了当前空气质量模式的发展趋势。传统的空气质量模式大多只针对单相物种进行模拟，而实际大气中所有物种都具有紧密的相关性，如与 O_3 累积具有高相关性的氮氧化物，其最终产物是硝酸，而硝酸与硝酸盐气溶胶和酸沉降紧密相关；另一个与 O_3 浓度高度相关的物种 VOCs，在光化学反应过程中也会产生有机碳等固态成分。这些多相转换形成的次生型颗粒物粒径小，表面积大，具有较强的消光能力，导致大气能见度降低。另外，通过直接和间接两种途径影响大气辐射，从而导致气候变化。因此，大气中复杂的多相化学转换问题的模拟，是单相模式所无法胜任的。在一个大气的框架下，CMAQ 采用了一套各个模块相容的大气控制方程，充分考虑模式的扩充性与使用界面的友善度，将各项化学物理机制等模块化，可根据需要选择不同的模块，从而实现对复杂的空气污染问题（如对流层 O₃、酸沉降、气溶胶和大气能见度等）进行综合处理。

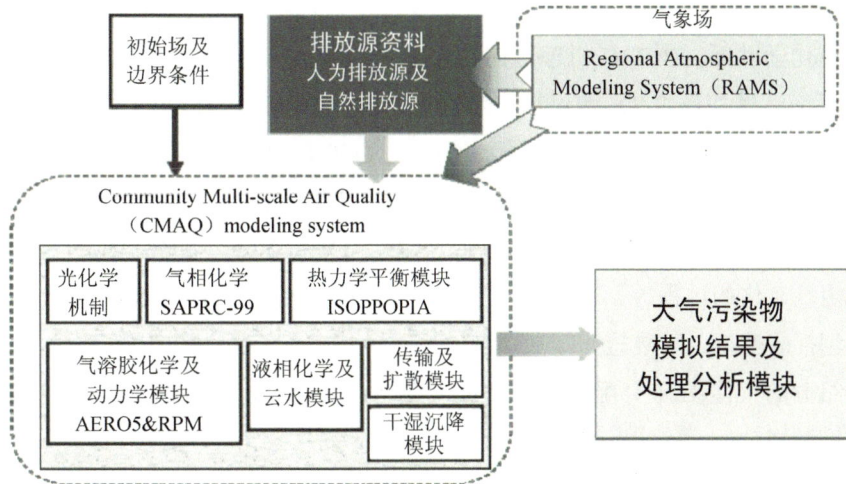

注：SAPRC-99，即 Statewide Air Pollution Research Center-1999。该机理最早由 Carter 于 1990 年开发，被命名为 SAPRC-90。经过多次改进，目前最新的版本是 SAPRC-99，共包括 78 个物种和 211 个反应。

图 4-2　空气质量模式系统 RAMS-CMAQ

CMAQ 包括气相化学与气-固转换等化学机制，水平与垂直扩散输送，液相化学与干湿沉降，气溶胶的核化、碰并与增长等物理与化学过程。其所需的初始浓度场、侧边界条件和污染物光解速率等资料需要借助初始场诊断模块、侧边界处理模块和光解速率计算模块等数值模块获得。CMAQ 整体运行的主要步骤为：首先经由气象模块取得气象资料，其次准备污染物排放源资料，通过气象-化学（Meteorological-Chemistry Interface Processor，MCIP）模块完成格式转换，最后输入 CMAQ 中，进行扩散、传输、化学转化以及沉降模拟。由于气象模块并不包含在 CMAQ 主程序内，因此，需要额外预先建立。目前 CMAQ 广泛使用的气象模块是第五代中尺度气象预报模式（MM5）或天气研究和预报模型（Weather Research and Forecasting，WRF）。由于大气污染物、热量、水汽及其通量的大部分来源于大气边界层下层，并且在大气边界层内，这些量的垂直切变非常明显，呈多极值或多中心分布，而大气稳定度变化最激烈的区域也在大气边界层下层。为了更好地解析大气边界层下层地表非均匀性强迫对大气输送扩散能力的影响和污染物浓度分布与边界层结构的垂直变化，这里利用 RAMS 来为 CMAQ 提供气象驱动场。

4.1.3.3　多尺度空气质量模式系统设置

模式系统建成后，先后应用于东亚、京津渤等区域大气污染物的来源、输送与化学转化过程的模拟分析，并采用多源观测数据（地面监测、飞机航测、卫星遥感）对模拟结果进行了较为全面的评估。评估对象除风、温、湿等气象要素外，还包括 HO_x 自由基、O_3、二氧化硫、氮氧化物与一氧化碳等气体污染物，以及沙尘、硫酸盐、硝酸盐、铵盐、黑炭与有机碳等气溶胶。目前 RAMS-CMAQ 包括气相化学过程，化学反应机制为 SAPRC-99、气体-粒子转换过程和气溶胶的核化、碰并、增长等动力过程，并比较全面地考虑了云雾液滴中的液相化学过程。SAPRC 机理最初是为了研究机动车尾气中 VOCs 的增量反应活性、最大增量反应活性和最大 O_3 增量反应活性，因此对 VOCs 的分类比碳键机理（CBM）更加详细，研究者可以根据 VOCs 的排放清单对 SAPRC 机理中的 VOCs 进行参数化处理，以最大程度地反映实际的 VOCs 污染状况，与二次气溶胶粒子相关的化学反应，如 SO_2 被 OH 自由基氧化、HO_2 转化为 H_2O_2 的过程，NO_x、O_3 和 VOCs 循环反应过程，以及 NO_2 被 OH 自由基氧化的过程等。二次无机气溶胶气-粒分配机制采用 ISORROPIA II 热力学平衡机制，包括硫酸盐、硝酸盐和铵盐以及 Ca^{2+}、Mg^{2+}、K^+、Na^+ 和 Cl^- 等离子。二次有机气溶胶分子组分的气体-粒子分配考虑了半挥发性化合物的成分、浓度和蒸气压，以及吸收性材料的浓度和成分。

模式模拟的典型地区选择我国 O_3 污染最为严重的地区之一——华北平原。为了综合分析中尺度天气过程与复杂地表下，局地大气环流和大气边界层结构以及外来污染物长距离输送对华北区域空气质量的影响，并充分考虑计算机的计算效率与承载力，本书选取双重嵌套网格。模式设置为极坐标投影方式。外层区域覆盖东亚地区，中心点为（116°E，35°N），水平分辨率为 64 km；内层区域覆盖中国华北平原的主要地区，中心点为（116°E，40°N），水平分辨率为 16 km，外层网格为内层网格提供必要的边界条件信息。模式垂直方向分为不等距的 15 层，并且有近 1/2 集中在 2 km 高度以内以提高模式对边界层污染物演变的模拟性能。模拟输出数据为每小时。在垂直方向上，RAMS 和 CMAQ 的模式顶高度相同，约为 13 km。RAMS 将其分为 24 层，其网格距在近地层较小（第 1 整层的厚度为 40 m，有 10 层位于 2 km 以下，以解析大气边界层下层地表非均匀性强迫对局地环流和大气边界层垂直结构的影响），而后随高度增加而加大（最大值为 1.5 km）；CMAQ 分为 15 层，其中最下面的 6 层与 RAMS 的相同，以便详细描述大气近地层污染物的输送扩散、化学转化与干湿沉降过程。

4.2 基于观测的 O_3 污染来源敏感性指标分析

本节主要基于观测数据，对观测期间 VOCs 组分的时间变化特征和空间分布特征进行分析，同时使用特征比值分析 O_3 生成的敏感性特征。

4.2.1 VOCs/NO_x 及 O_3 浓度时间变化特征分析

北京市区及怀柔地区夏季大气中光化学反应产物 O_3 受光照强度等因素的影响呈现明显的日间峰值、夜间谷值现象。其中，北京观测点大气 O_3 浓度在 7 月 24—25 日、7 月 27 日均出现最高值(135 ppb),而怀柔观测点大气 O_3 浓度则在 7 月 28 日中午出现高达 179.7 ppb 的峰值。两地区大气中 VOCs/NO_x(TNMHCs/NO_x)比值的变化特征也具有明显的日变化趋势,且和 O_3 浓度变化趋势相似。与夏季 O_3 浓度和 TNMHCs/NO_x 比值变化特征不同的是,它们在北京冬季并不具有非常明显的日变化特征。在白天出现颗粒物重污染时具有较低的 O_3 浓度及 TNMHCs/NO_x 比值,且在重污染事件后强西北风吹扫的影响下出现 O_3 浓度较高值。对比北京冬、夏两季大气中 O_3 浓度和 TNMHCs/NO_x 的比值,北京冬季和夏季分别仅在 2016 年 1 月 7—8 日、2016 年 7 月 25—27 日出现 TNMHCs/NO_x 比值大于 8 的现象。

4.2.2　NMHCs、O_3、NO_x 及 TNMHCs/NO_x 的日变化

图 4-3 为北京市区及河北保定农村地区夏季(北京:2016 年 7 月 23 日、2016 年 8 月 3 日;河北:2016 年 7 月 8 日、2016 年 7 月 18 日)大气中 TNMHCs、NO_x、O_3 浓度及 TNMHCs/NO_x 比值的日变化情况。由图 4-3 可以看出,两地区夏季大气中 O_3 浓度及 TNMHCs/NO_x 比值具有显著的午后峰值现象,而此时 NO_x 浓度出现相反的峰谷特征。对比两地区 O_3 污染时期 TNMHCs/NO_x 比值的大小,发现北京地区 TNMHCs/NO_x 比值的最高值小于 8,而河北保定农村地区白天 TNMHCs/NO_x 比值基本都大于 8,且最高可达 16。该比值结果表明北京市区 O_3 生成主要受 NMHCs 控制,而河北保定农村地区 O_3 生成主要受 NO_x 控制。此外,本书也采取了 EKMA 特征曲线的方式研究了两地区观测期间 TNMHCs/NO_x 比值,北京冬、夏两季 TNMHCs/NO_x 比值远小于 8,表明在观测期间北京的 O_3 生成处于 NMHCs 敏感区。然而,河北保定农村地区 TNMHCs/NO_x 比值虽然有一部分小于 4,其在 4~15 也具有较多分布,进一步证实河北保定农村地区 O_3 生成处于 NMHCs 及 NO_x 混合敏感区。

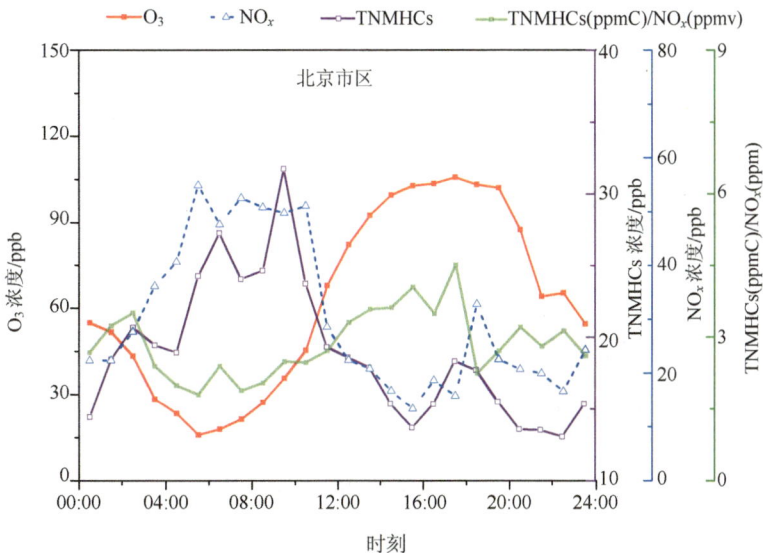

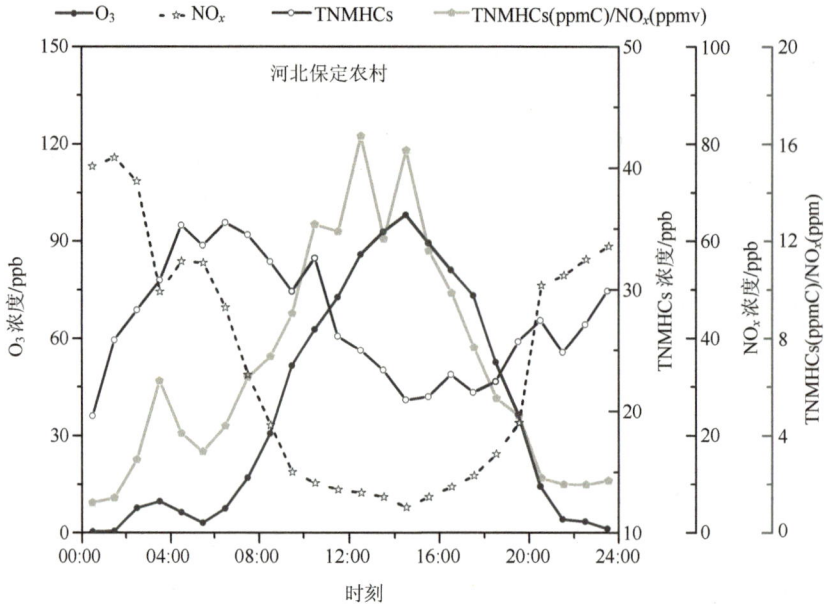

图4-3 北京市区及河北保定农村地区夏季大气中TNMHCs、NO_x、O_3浓度及TNMHCs/NO_x比值的日变化情况

4.2.3 观测期间 O_3 污染来源敏感性研究

4.2.3.1 以 NMHCs 控制为主的 O_3 浓度污染典型特征分析

图 4-4 为北京市区和河北保定农村 NMHCs/NO_x 比值分布特征。相关研究发现，河北保定农村春、冬两季 TNMHCs/NO_x 比值经常小于 8，表明该地区大气中 O_3 的生成主要受 NMHCs 控制；北京市区 TNMHCs/NO_x 的比值大部分布在低于 8 的范围内，推断北京市区主要以 NMHCs 控制为主。

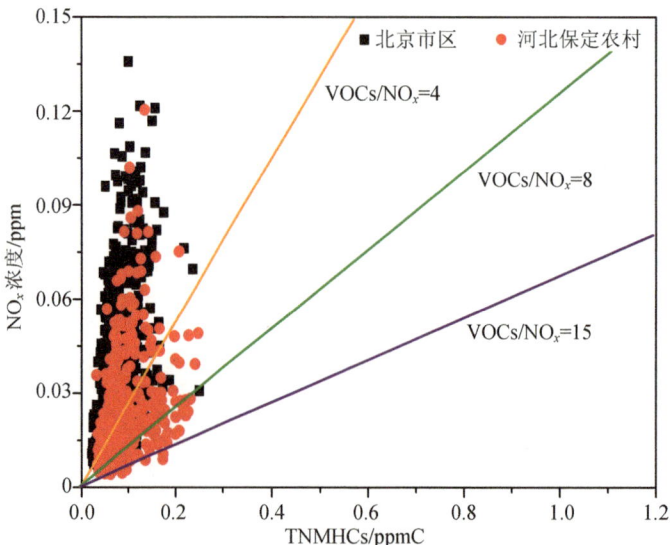

图 4-4 北京市区和河北保定农村 TNMHCs、NO_x 比值分布特征

4.2.3.2　以 VOCs 控制为主的 O₃ 污染典型特征分析

（1）VOCs/NO$_x$ 比值

分析怀柔夏季 VOCs/NO$_x$ 比值以及等效丙烯/NO$_x$ 比值分布特征（图 4-5），可知怀柔地区处于 VOCs 控制区。

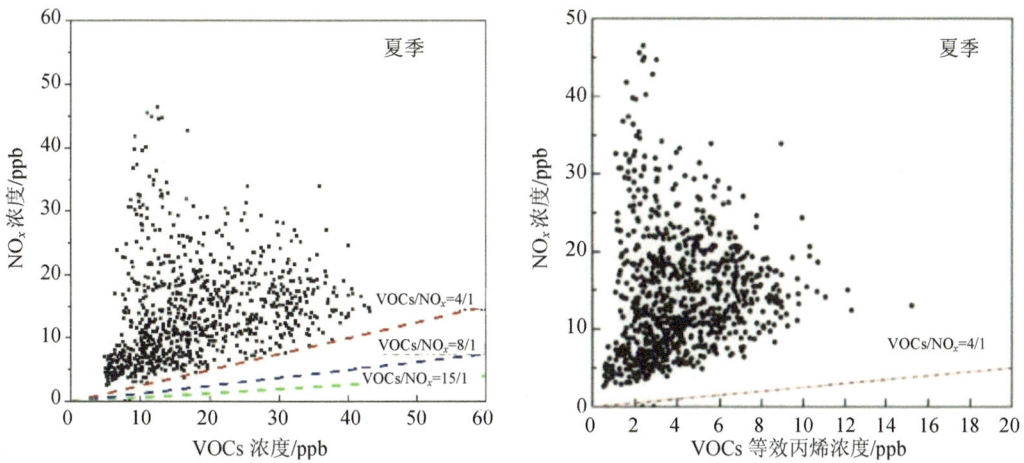

图 4-5　怀柔观测点位大气中 VOCs 和 NO$_x$ 的观测比值

（2）OPE

图 4-6 为怀柔地区 O₃ 生成效率 OPE 计算结果，研究发现不同时段对 NO$_x$ 和 VOCs 敏感特征不一致，O₃ 生成敏感性具有较强的时间变异性。

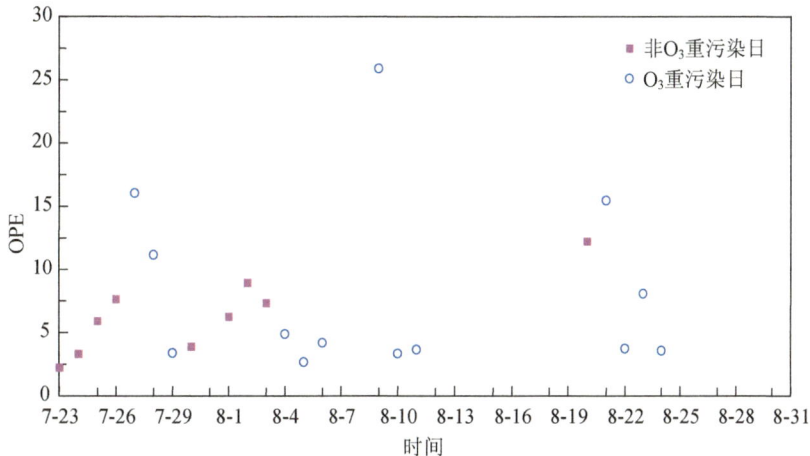

图 4-6　O₃ 生成效率 OPE 计算结果

（3）清晨 VOCs/NO$_x$ 与 O₃ 浓度的日增量的关系

图 4-7 为观测期间每天清晨时段 VOCs/NO$_x$ 与 O₃ 浓度日增量的关系。其中，清晨时段 VOCs/NO$_x$ 为 05:00—07:00 的平均值，O₃ 浓度日增量为 15:00—17:00 的平均值减

去 05:00—07:00 的平均值。虽然数据点较为离散，但统计回归表明两者之间存在显著的正相关关系（$p<0.01$），这种关系说明，增加 VOCs/NO_x 可导致该站当日 O_3 浓度日增量更高，反之，如果降低清晨时段 VOCs/NO_x 浓度，则可使 O_3 浓度日增量下降。

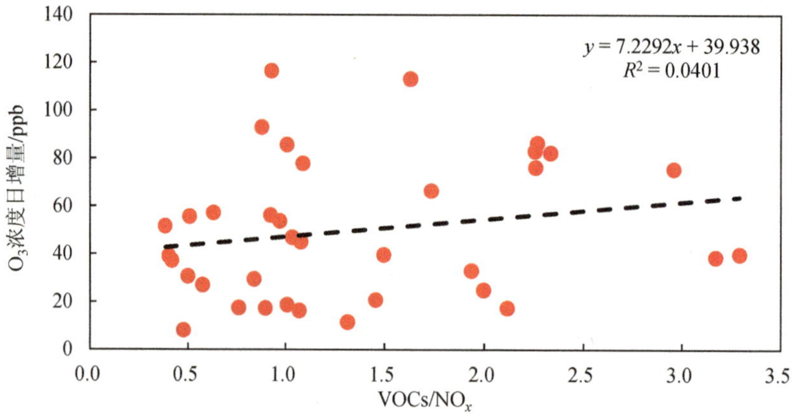

图 4-7　清晨时段 VOCs/NO_x 与 O_3 浓度日增量的关系

4.2.3.3　以 NO_x 控制为主的 O_3 浓度污染典型特征分析

（1）TNMHCs/NO_x 比值

由河北保定农村地区 TNMHCs/NO_x 比值分布特征可知，河北保定农村夏季大气中 O_3 浓度生成既有 VOCs 控制也有 NO_x 控制。

（2）H_2O_2/NO_z 的比值

我们选取光化学反应比较强烈的时间段 08:00—17:00，用 H_2O_2/NO_z 比值判定河北保定农村地区敏感性化学特征。如图 4-8 所示，可以看出在 08:00—12:00 H_2O_2/NO_z 比值小于 0.15，此时该地区 O_3 生成主要受 VOCs 控制，而在 17:00 后，该比值大于 0.2，说明该地区 O_3 生成主要受 NO_x 控制。

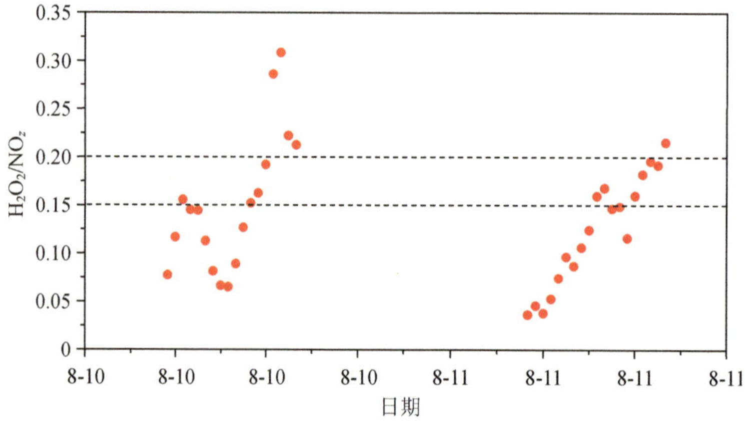

图 4-8　河北保定农村地区 H_2O_2/NO_z 的比值分布（2016 年 8 月 10—11 日）

（3）OPE

图 4-9 为河北保定农村地区 2016 年 8 月 10—11 日 O_3 浓度与 NO_z 浓度线性回归示意图，OPE 为 10.2，同样说明河北农村地区 O_3 生成主要为 NO_x 控制，因为农村地区机动车少，排放的 NO_x 少，所以降低 NO_x 有利于降低 O_3 的生成。

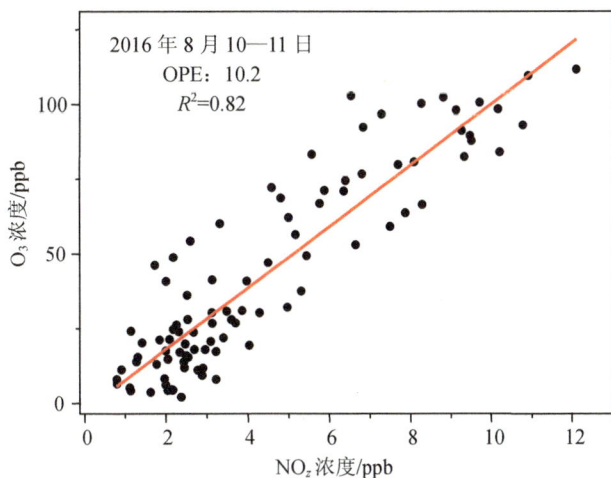

图 4-9　河北保定农村地区 O_3 浓度与 NO_z 浓度的线性回归示意

4.2.3.4　倾向于 NO_x 控制的 O_3 污染典型特征分析

（1）O_3 浓度日增量与清晨 NO_2 的关系

图 4-10 为饶阳站 O_3 浓度日增量与清晨 NO_2 的关系。其中，清晨时段 NO_2 浓度为 05:00—07:00 的平均值，O_3 浓度日增量为 15:00—17:00 的平均值减去 05:00—07:00 的平均值。虽然数据点较为离散，但统计回归表明两者存在显著（$p<0.01$）的正相关关系，而且清晨 NO_2 浓度可解释的 O_3 浓度日增量方差相对较高（$R^2=0.41$）。这种关系说明，增加饶阳站清晨 NO_2 浓度可导致该站当日 O_3 增量更高，平均而言，1 ppb 的 NO_2 增加可导致约 4 ppb 的 O_3 浓度增加。反之，如果降低清晨 NO_2 浓度，则可使 O_3 浓度日增量下降。对于周边城市地区一些站点也可以作上述分析，分析结果见图 4-11。虽然城市站点也存在类似的相关关系，但是与饶阳站相比，相关的显著度明显较低，而且单位 NO_2 清晨浓度增加可带来的 O_3 浓度日增量也要低得多。表 4-1 为饶阳站及周边地区站点 05:00—07:00 平均 NO_2 浓度、O_3 浓度日增量及两者相关回归结果。饶阳站的清晨 NO_2 平均浓度最低（19.0 ppb），但平均 O_3 日增量却最高，达到 164 $\mu g/m^3$，单位 NO_2 增加带来的 O_3 增量也最大（4.1 ppb）。

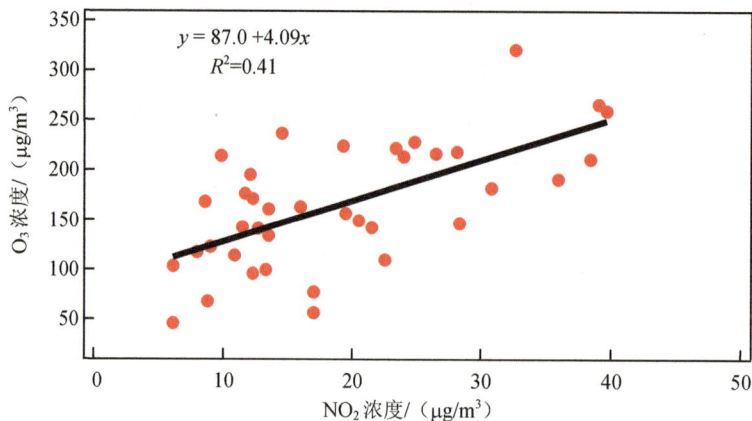

图 4-10　饶阳站 O_3 浓度日增量与清晨 NO_2 的关系

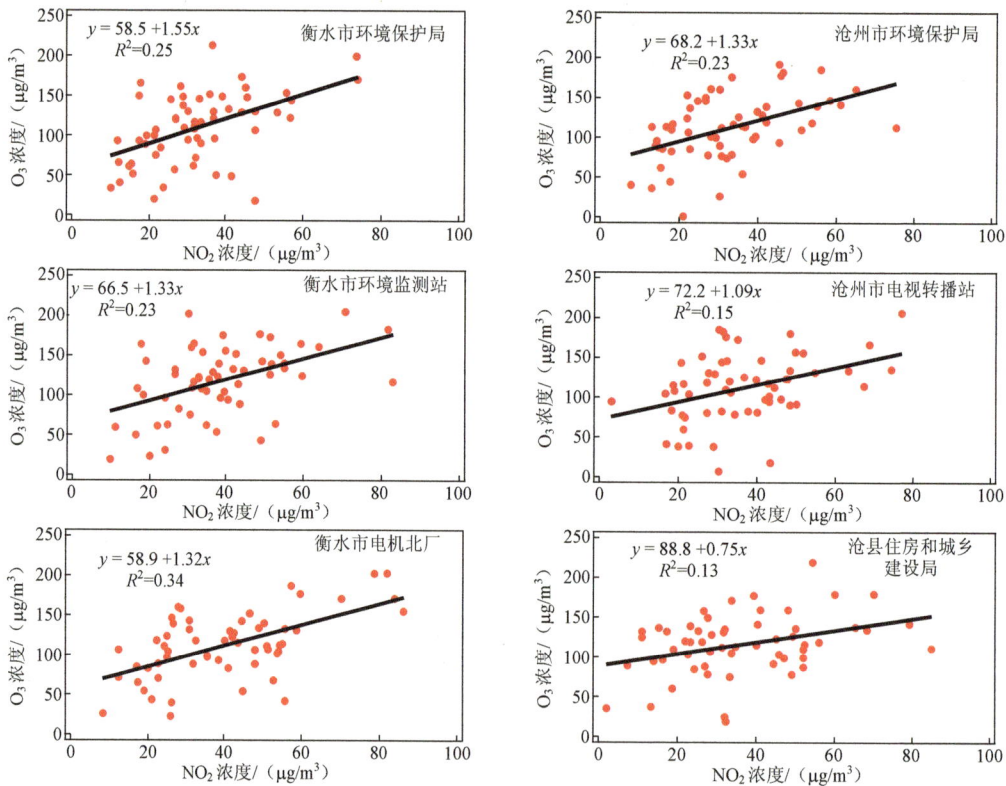

图 4-11　衡水及沧州市不同站点 O_3 日增量与清晨 NO_2 的关系

表 4-1 饶阳站及周边地区站点 05:00—07:00 平均 NO₂浓度、O₃浓度日增量及两者相关回归结果

站名	类型	05:00—07:00 平均 NO₂浓度	平均 O₃浓度日增量	a	b	R^2
饶阳县气象站	农村	19.0	164	87.0	4.09	0.41
衡水市环境保护局	城市	32.7	109	58.5	1.55	0.25
衡水市环境监测站	城市	38.2	118	66.5	1.33	0.23
衡水市电机北厂	城市	40.3	112	58.9	1.32	0.34
沧州市环境保护局	城市	32.7	113	68.2	1.33	0.23
沧州市电视转播站	城市	36.4	113	72.0	1.09	0.15
沧县住房和城乡建设局	城市	36.1	116	88.8	0.75	0.13

值得注意的是，这里考察的 O₃浓度日增量与清晨 NO₂浓度的关系并不足以说明饶阳及周边地区 O₃生成的敏感性问题，主要原因是 NO₂只是 NOₓ的一部分，空气中在某些时段（尤其是清晨时段）还存在相对高浓度的 NO，还有 VOCs 浓度变化也需要系统分析。

（2）饶阳 O₃生成敏感性分析

我们虽然在饶阳现场测量部分 VOCs，但质子转移反应（PTR）测量技术对 O₃形成相关的一些重要的碳氢化合物不能给出准确的测量。尽管如此，我们尝试用测得的部分碳氢化合物总和 HCs 与 NOₓ的比值作为一个代用指标，代替 VOCs/NOₓ来进行分析。图 4-12 给出了饶阳站 O₃浓度日增量与清晨 HCs/NOₓ的关系。可以看出，两者之间存在一定的负相关关系（R^2=0.23，$p<0.01$）。根据回归结果，如果 HCs/NOₓ增加 1，可使 O₃浓度日增量降低 134 μg/m³。虽然从数学上增大 HCs 或降低 NOₓ都可以使 HCs/NOₓ增大，但是 O₃生成理论表明，增大 HCs 实际上是不会使 O₃下降的。因此，需要通过降低 NOₓ来增大 HCs/NOₓ，并带来 O₃增量的下降。据此，可以定性地认为在饶阳观测期间的污染与气象条件下，O₃生成可能是倾向于 NOₓ敏感的。然而，这一判断需要更严谨的分析验证。以往的研究表明华北农村的 O₃生成可能是对 NOₓ和 VOCs 二者都敏感，或者在某些条件下对 NOₓ敏感，另一些条件下对 VOCs 敏感。

此外，即使证实饶阳站 O₃生成对 NOₓ敏感，也不能将此结论拓展到饶阳周边一些城市地区，因为那里的 NOₓ浓度要远高于饶阳，可能造成完全不同的光化学背景条件。针对一些不同的过程开展模拟分析可以说明华北区域 O₃敏感性问题的复杂性。例如，选取两个过程的 H₂O₂/HNO₃模拟结果。第一过程是 2016 年 7 月 4—8 日饶阳站受东南气流输送影响的过程，第二个过程是 7 月 15—17 日饶阳站受东北气流输送影响的过程。这两个过程对于 H₂O₂/HNO₃有一些明显的不同。在东南气流输送情况下，除北京、天津等城市地区之外，其他地区 H₂O₂/HNO₃比值均显示为 0.2 以上，理论上说明 O₃形成处于 NOₓ敏感状态。但在东北气流输送情况下，上述大城市周边的广大农村地区 H₂O₂/HNO₃小于 0.2，说明当时这些地区 O₃形成处于 VOCs 敏感状态。可见，华北区域当前光化学污染及其前体物之间关系是复杂、多变的。

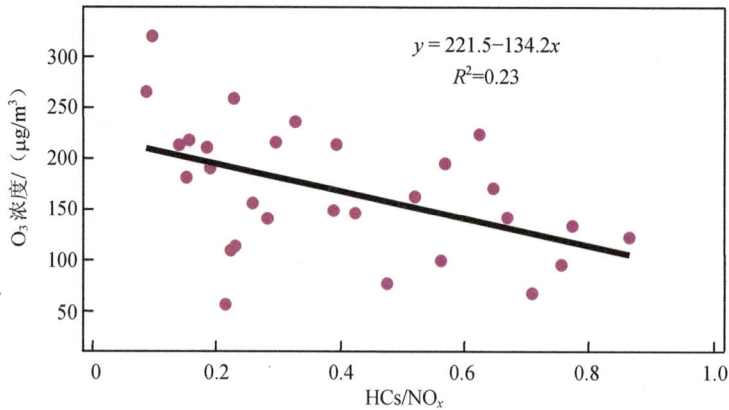

图 4-12 饶阳站 O_3 浓度日增量与清晨 HCs/NO_x 的关系

4.3 基于烟雾箱模拟的 O_3 污染来源敏感性分析

本书通过烟雾箱模拟，对 NO_2 光解速率常数及不同丙烯浓度下 O_3 随 NO_2 浓度变化的生成变化情况进行了模拟，并模拟了 OH 自由基的引入对 O_3 生成的影响，进一步分析了 $VOCs-NO_x$ 的 O_3 敏感性。

4.3.1 NO_2 光解速率常数的测定

图 4-13 为 NO、NO_2 和 O_3 之间的 Leighton 实验，如图 4-13 所示，开灯后三者快速达到平衡状态，NO_2 快速下降至 210 ppb 左右，NO 和 O_3 则快速抬升至 35 ppb 左右，三者浓度在平衡后近 1 h 光照下几乎没有变化，进而计算得出 NO_2 的光解速率常数约为 2.8×10^{-3} s^{-1}。

Dark—暗反应；Light—光反应

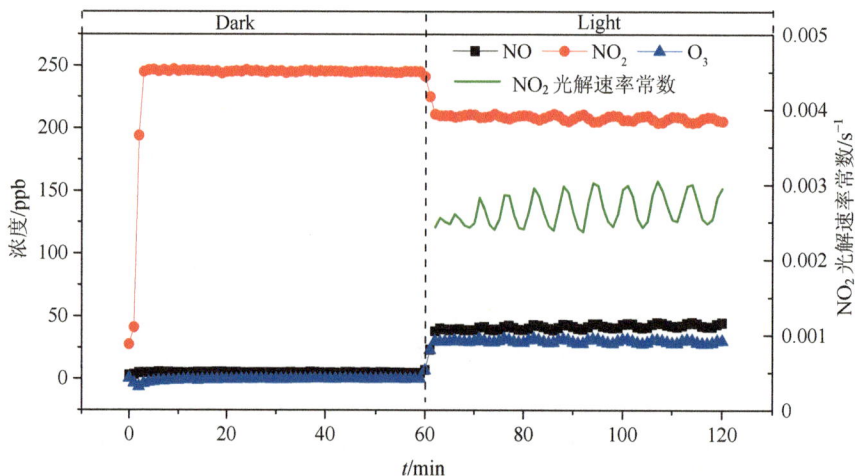

图 4-13 NO、NO_2 和 O_3 之间的 Leighton 实验

4.3.2　不同丙烯浓度条件下 O₃ 随 NO₂ 浓度变化的生成变化

研究表明，当丙烯和 NO_2 浓度均低于 100 ppb 时，O_3 浓度随着光照时间的增加而呈线性增长，但当丙烯浓度大于 100 ppb 且 NO_2 浓度低于 100 ppb 时，O_3 浓度随着光照时间的增加先呈线性增长而后出现拐点，增长速度减慢，而 O_3 生成速率减慢的时间也会随着丙烯浓度的增大而缩短。无论丙烯浓度是多少，光照后 O_3 的初始生成浓度均随着 NO_2 浓度的升高而增大，但最大 O_3 浓度不完全随 NO_2 浓度的增加而增大。实验中发现，当丙烯浓度为 20.5 ppb、NO_2 浓度为 201 ppb 时，随着光照时间的增加 O_3 浓度逐渐降低，表明此时 NO_2 过量，O_3 被 NO_2 光解产生的 NO 不断滴定消耗。

4.3.3　OH 自由基引入对 O₃ 生成的影响

O_3 随 NO_2 浓度变化的生成规律基本一致，即当 NO_2 浓度大于等于 50 ppb 时，O_3 的初始生成量急剧增加，之后随着光照时间的增加呈线性增长趋势；但是当 NO_2 浓度小于 50 ppb 时，自由基引入后 O_3 的初始生成率并没有那么快。自由基的引入对 O_3 的初始生成量也有影响，即 OH 自由基的加入增加了 O_3 的初始生成量。

4.3.4　VOCs-NOₓ的 O₃ 敏感性分析

图 4-14 为不同丙烯条件下 O_3 随 NO_2 浓度变化的最大生成率和最大浓度的变化趋势。由图可知，当丙烯浓度为 20.5 ppb 时，O_3 最大生成率随 NO_2 浓度的增加而降低；当丙烯浓度在 50.4～299.9 ppb 时，O_3 最大生成率随 NO_2 浓度的增加呈先升高后降低的趋势，拐点处丙烯初始浓度与 NO_2 初始浓度的比值在 4.27～6.01（表 4-2），表明当丙烯浓度与 NO_2 浓度比值小于 4.27 时，O_3 的产生受 VOCs 控制，为 VOCs 敏感区；当该比值大于 6.01 时，O_3 的生成受 NO_x 控制，为 NO_x 敏感区。

不同丙烯条件下 O_3 最大浓度的变化趋势基本与其最大生成量的变化趋势一致，只有在丙烯浓度为 299.9 ppb 时，其二者的变化趋势不一致，O_3 最大浓度并未降低。

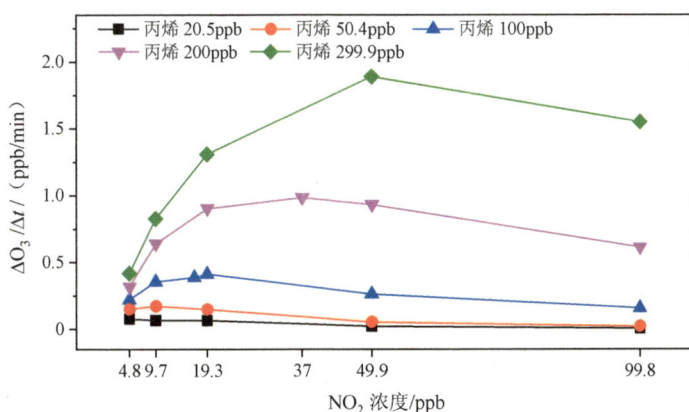

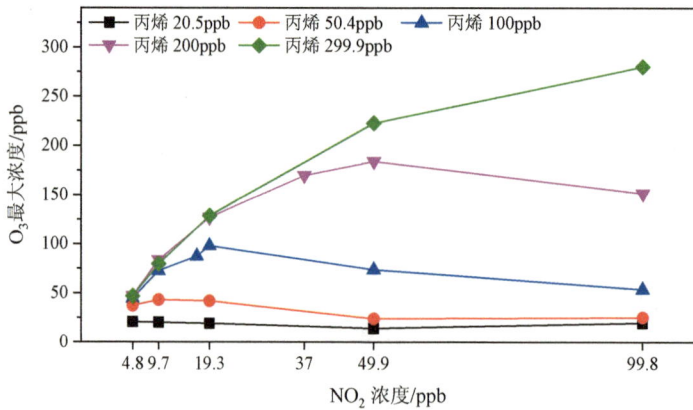

图 4-14 不同丙烯条件下 O_3 随 NO_2 浓度变化的最大生成率和最大浓度的变化趋势

表 4-2 O_3 生成速率拐点分析

丙烯初始浓度/ppb	NO_2 初始浓度/ppb	[丙烯]/[NO_2]
20.5	4.8	4.27
50.4	9.7	5.20
100	19.3	5.18
200	37	5.41
299.9	49.9	6.01

图 4-15 为 OH 自由基引入后 O_3 生成率、最大值以及 H_2O_2/NO_z 比值随 NO_2 浓度变化的趋势。由图可知,O_3 最大生成率与最大浓度变化趋势一致。本次丙烯浓度为 99.9 ppb,当 NO_x 浓度为 21.3 ppb 时,O_3 的最大生成率出现拐点,与之前的结果一致。表明 OH 自由基的引入并未影响 O_3 生成率拐点的出现,此时,丙烯初始浓度与 NO_2 初始浓度比值为 4.69,H_2O_2/NO_z 比值为 0.081,表明当 $H_2O_2/NO_z < 0.081$ 时,O_3 的产生受 VOCs 控制,为 VOCs 敏感区;当该比值大于等于 0.081 时,O_3 生成受 NO_x 控制,为 NO_x 敏感区。

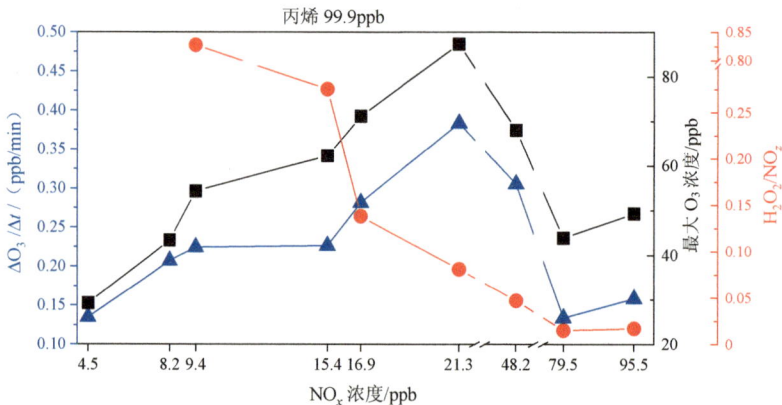

图 4-15 OH 自由基引入后 O_3 生成率、最大值以及 H_2O_2/NO_z 比值随 NO_2 浓度变化的趋势

4.4 基于空气质量模式模拟的 O₃ 污染来源敏感性分析

本书基于污染物排放源数据，结合污染物在线监测数据，对空气质量模型进行验证，并对 O_3 的生成敏感性进行了模拟研究。

4.4.1 排放源数据介绍

模拟区域的污染物排放信息主要源自覆盖亚洲地区的 MIXv1.1 排放源数据集中的 0.25°×0.25° 污染源排放清单。该清单包括生活、工业、交通和电力行业排放源的年排放量，排放污染物种类有 8 个，即 SO_2、NO_x、CO、黑碳（BC）、OC、$PM_{2.5}$、PM_{10} 和 VOCs。其中，VOCs 又按 SAPRC-99 机制进行了分类，计 30 种。此外，野外生物质燃烧排放源：0.5°×0.5°，月（日）排放通量，化学物种达 32 种，包括 PM_{10}、$PM_{2.5}$、BC、OC、CO、SO_2、NO_x 和 C_2H_6、C_3H_6、C_3H_8 等；REASv2.1 农业源（土壤 NO_x 和农业 NH_3）：0.25°×0.25°，月排放通量；植物 VOCs 排放源：0.5°×0.5°，月（日）排放通量，化学物种达 20 种，包括异戊二烯、单萜烯和倍半萜烯等。

4.4.2 模拟结果验证

模拟结果显示，对于气温和相对湿度的模拟比较准确，除一些极端高值或低值外，这些站点模拟结果与观测结果基本一致。模拟的风速与观测结果也比较接近。天津站和济南站的观测风速相对高于北京站和石家庄站，模拟结果对此特征也有所体现。但总体来讲，将模拟结果与观测结果直接比较存在一定难度，尤其对于风场来讲，其在时间和空间分辨率存在差异，且近地面风速和风向受边界层内地形和建筑物影响明显。模拟的风向与观测风向有所差别，但在总体风向上具备较好地一致性，尤其对冬季较强的偏北风和夏季较强的偏南风有比较好的模拟效果。

此外，对 O_3 及其重要前体物 NO_2 的模拟值与观测值进行了比较。在表 4-3 和表 4-4 中给出了比较效果的统计值（表中 N 代表采用的样本数量、C_{obs} 为观测平均值、C_{mod} 为模拟平均值、σ_{obs} 为观测标准差、σ_{mod} 为模拟标准差、R^2 为二者相关系数）。NO_x 和 O_3 是两种较为典型的高活性短生命周期的大气污染气体。NO_x 和 O_3 浓度日变化都非常明显，且不同季节中浓度也有明显区别。模拟结果均可较好地再现观测结果的日变化和季节变化趋势。

表 4-3 和表 4-4 中大部分 NO_2 和 O_3 的相关系数在 0.44～0.59 和 0.48～0.74，表明模拟结果能够较好地再现观测资料的变化趋势。另外，表中模拟和观测的 NO_2 和 O_3 的标准差也比较接近，说明模拟结果能够较好地再现观测资料的波动幅度。除一些可能的污染源存在不确定性外，模式对华北平原冬季的一些相关化学机制和含氮化合物转化估算可能存在

一些缺失。但对 NO_2 的低估并未造成对 O_3 模拟的明显影响，O_3 模拟结果和观测资料最明显的差别出现在 6 月天津地区，应该是模式对 6 月 16—18 日 O_3 浓度高估造成的。有研究称这种现象可能是化学机制中城市区域内 NO 对 O_3 生成的滴定作用不能准确表征而造成的。这种高估在其他站点也有一定程度的体现。但总体来看，模拟结果能够对 O_3 和 NO_2 数值大小与变化趋势有较好的再现。

表4-3 模拟与观测 NO_2 比较结果统计

		N	C_{obs}	C_{mod}	σ_{obs}	σ_{mod}	R^2
北京	1月	602	68.71	50.62	42.98	21.7	0.59
	6月	588	45.39	46.75	24.95	28.49	0.53
济南	1月	616	74.39	63.26	33.98	19.55	0.55
	6月	639	34.27	34.93	19.57	18.76	0.47
石家庄	1月	618	90.04	83.78	44.91	21.55	0.54
	6月	629	26.11	38.82	21.59	22.26	0.44
天津	1月	584	73.73	49.07	37.94	18.52	0.55
	6月	639	30.02	40.29	18.36	23.25	0.52

表4-4 模拟与观测 O_3 比较结果统计

		N	C_{obs}	C_{mod}	σ_{obs}	σ_{mod}	R^2
北京	1月	615	33.57	37.88	27.58	27.2	0.54
	6月	676	106.96	120.85	63.75	57.33	0.74
济南	1月	673	11.09	13.58	10.75	13.08	0.74
	6月	693	87.91	111.44	45.54	71.8	0.62
石家庄	1月	627	15.24	18.54	18.74	18.7	0.57
	6月	692	69.53	71.78	53.15	76.14	0.65
天津	1月	629	10.83	17.05	11.78	19.36	0.48
	6月	675	100.42	143.31	52.22	69.48	0.74

4.4.3 污染物水平分布特征

在对模拟结果进行充分验证的基础上，首先分析不同季节 O_3 及其前体物 NO_x 和 VOCs 的水平浓度分布情况。北京、天津、河北、山东和河南北部 1 月和 6 月的水平风速都明显小于其他地区，表明扩散条件较差。除较强烈的污染排放外，这也是这些地区产生较重 NO_x 和 VOCs 污染的重要原因。此外，可以看出 NO_x 和 VOCs 高浓度地区主要集中在华北的城市地区，包括北京、天津、石家庄、济南和唐山。但 O_3 的时空分布与这两种前体物有明显不同，这也显示出了 O_3 生成的复杂性。与 NO_x 和 VOCs 季节变化特征不同，由于夏季强烈的光化学反应，夏季 O_3 的质量浓度明显高于冬季。超过国家二级标准（160 μg/m³

以上）的 O_3 日最大 8 h 浓度主要分布在从北京市南部到天津、河北和山东地区，在河北、山东和河南交界地区可达到 180～200 $\mu g/m^3$，其中最严重的区域是山东省西北部。因此，之后的探讨将主要集中在 2015 年 6 月的北京、天津、河北和山东地区。

4.4.4　三维模式结果估算前体物敏感性

为区分 O_3 与前体物 NO_x 和 VOCs 之间的敏感性特征，本书采用一种适合利用三维模式结果估算前体物敏感性的方法，并以此来定义华北地区每一个模拟网格点上 O_3 前体物不同的敏感特征。这种方法在 Base Case 计算的基础上，分别需要对 VOCs 排放降低 30% 和 NO_x 排放降低 30% 的情况开展两次敏感性实验，而这两次敏感性实验结果的 O_3 日最大 8 小时平均浓度与 Base Case 相减，获得的结果分别标记为 ΔO_{3V} 和 ΔO_{3N}。这两个变量则可用于分辨不同前体物的敏感性特征：①如果 ΔO_{3V} 和 ΔO_{3N} 的变化均小于 4 $\mu g/m^3$，则该网格点既不处于 NO_x 控制，也不处于 VOCs 控制；②如果 ΔO_{3N} 的上升超过 4 $\mu g/m^3$，ΔO_{3V} 的下降超过 4 $\mu g/m^3$，则该网格点处于 NO_x 滴定区；③如果 ΔO_{3V} 的下降超过 4 $\mu g/m^3$，同时其下降幅度超过 ΔO_{3N} 下降幅度的 1 倍（或 ΔO_{3N} 为上升），则该网格点处于 VOCs 敏感地区；④如果 ΔO_{3N} 的下降超过 4 $\mu g/m^3$，同时其下降幅度超过 ΔO_{3V} 下降幅度的 1 倍（或 ΔO_{3V} 为上升），则该网格点处于 NO_x 敏感地区；⑤如果 ΔO_{3V} 和 ΔO_{3N} 的下降幅度超过 4 $\mu g/m^3$，且二者的下降比例在 1∶2～2∶1，则该网格点处于 VOCs 和 NO_x 共同控制地区。

除华北人为活动频繁的地区（最大 O_3 浓度低于 120 $\mu g/m^3$）外，在海域、内蒙古及周边地区均处于非控制地区（出现频率超过 50%）。NO_x 滴定地区在模拟区域内出现的频率较少，尤其是在人为活动密集地区出现的频率基本低于 10%。在 O_3 污染地区，非控制出现频率基本也低于 10%。北京市区、天津、唐山、河北省南部和山东省西北部主要处于 VOCs 敏感地区，而北京市远郊（主要为北部）、山西省和河北省北部主要处于 NO_x 敏感地区，而在 VOCs 和 NO_x 敏感地区之间则主要为二者的共同控制区。通过这种方法估算的结果与相关的文献分析具有较好的一致性，如北京市区处于 VOCs 敏感区，向郊区方向则逐渐过渡为 NO_x 敏感区。同时，与增量式平滑和建图方法（ISAM）的结果比较也具有较好的一致性，如北京、天津、河北和山东以 VOCs 贡献为主，而山西主要以 NO_x 贡献为主，这也使两种不同的方法相互间得到了印证。

第 5 章

我国大气 O_3 污染控制途径

大气环境中 O_3 浓度的升高不但直接危害生态环境及人体健康，还会加速 $PM_{2.5}$ 等污染物的转化形成，进而影响大气重污染过程发生的频率和强度，因此 O_3 污染控制是区域复合污染控制的重要要素。现阶段在遏制 O_3 污染加重趋势的同时，急需寻找一条有效控制 O_3 污染的途径，从而实现空气质量根本改善。O_3 形成机制复杂，其污染形成受 VOCs 和 NO_x 等多种前体污染物影响且与其他各相关条件息息相关。因对 O_3 污染控制途径缺乏足够的认识，城市政府在 O_3 污染面前束手无策，急需开展 O_3 控制途径的相关基础研究。

本书依据烟雾箱实验和数值模拟中关于 O_3 敏感特征及区域光化学污染与 $PM_{2.5}$ 污染的耦合作用关系的结论，评估未来大力度控制和降低 $PM_{2.5}$ 浓度对 O_3 生成的影响。分析和总结国际 O_3 控制的经验和教训，结合我国社会经济发展、排放源结构和自然环境特点，制定针对 O_3 形成分别受 NO_x、VOCs 控制过程的多种 NO_x、VOCs 减排量组合方案，并评估大气 O_3 的控制效果，提出我国区域光化学污染与 $PM_{2.5}$ 协同控制途径，为改善城市及区域整体环境空气质量提供技术支撑。

5.1　国内外 O_3 污染防治经验及启示

国际上，欧盟和美国较早开始关注 O_3 污染问题，虽然 O_3 污染问题尚未完全解决，但取得了一定成效并积累了较为丰富的经验。目前，我国正持续推进 O_3 污染防治工作，面临着多方面的挑战。本书总结了欧盟和美国 O_3 污染防治的经验及我国 O_3 污染防治的推进情况。

5.1.1 国外 O_3 污染控制管理经验

5.1.1.1 欧盟 O_3 污染防治经验

2002 年，欧盟将 O_3 作为污染物开始进行监测。为保护人体健康，采用 O_3 日最大 8 h 平均浓度值作为标准限值，用 O_3 浓度超过 40 ppb 的累计值（AOT40*）评价 O_3 浓度对植物的伤害程度。[12] 欧盟规定自 2010 年 1 月 1 日起执行的 O_3 浓度标准为最大 8 h 浓度均值不超过 120 $\mu g/m^3$，并要求平均 3 年内超标天数不得超过 25 d。

欧盟于 2002 年颁布实施了地面 O_3 污染控制指令（2002/3/EC 指令），为 O_3 浓度设立了目标值（日最大 8 h 平均浓度 120 $\mu g/m^3$）、长期目标 [日最大 8 h 年均值 120 $\mu g/m^3$，同时 AOT40 为 6000 $\mu g/(m^3 \cdot h)$]、报告阈值（1 h 均值 180 $\mu g/m^3$）和预警阈值（1 h 均值 180 $\mu g/m^3$），要求区域和城市群达到长期目标。欧盟《国家排放限值指令》（NECD）（2001/81/EC 指令）以法令的形式下达了 O_3 前体物削减的基本任务，并为 15 个成员国确定了 SO_2、NO_x、VOCs 和 NH_3 的年排放总量，以减少 O_3 前体物排放。NECD 提出了针对人体健康和植物的 O_3 环境目标：AOT60$>$0 的地区 O_3 污染负荷需削减 2/3 且不能超过 2.9 ppm·h，AOT40$>$3 ppm·h 的地区 O_3 污染负荷需削减 1/3 且不能超过 1.0 ppm·h。针对前体物排放，欧盟通过逐渐加严机动车尾气排放标准（70/220/EEC 指令）来削减 NO_x 排放；通过包括汽油、固定源和工业源及装饰涂料和车辆表面整修产品的 3 个 VOCs 排放指令限制 VOCs 的排放。

联合国欧洲经济委员会签订《长距离跨界空气污染公约》，其中包括《欧洲空气污染物长距离传输监测与评价合作计划》（EMEP），对区域内 O_3 浓度的监测提供指导。

从 O_3 控制效果看，欧洲不同地区的乡村站点 O_3 高浓度值均有下降趋势，说明欧洲 O_3 浓度峰值的下降是由欧洲排放减少所引起的。英国 EMEP 监测站的观测结果估算表明 O_3 浓度峰值在 1986—1999 年降低了 30% 左右。虽然欧洲 O_3 浓度峰值的年际波动很大，但极值的变化趋势始终一致，并且与数字模型的模拟结果相符合，表明欧洲 O_3 前体物的减排效果十分显著。另有证据表明受污染地区的 O_3 浓度增加仅占少数。

5.1.1.2 美国 O_3 污染防治经验

美国在 20 世纪 50 年代洛杉矶光化学污染事件之后，开始进行 O_3 污染防治，设置达标区与非达标区，并建立非达标区州执行计划（SIP）的基本框架。[13] 从 20 世纪 70 年代开始，USEPA 针对 O_3 污染问题，开始组建并运行州和地方的空气监测网络（SLAMS）以及国家空气监测网络（NAMS），在 O_3 超标地区设置光化学评估监测网络（PAMS），针对 USEPA 清洁空气市场机构建立清洁空气现状和趋势网（CASTNET），监测酸雨污染物、沉降以及区域 O_3 浓度。

---

* AOT40 是指一天内 O_3 浓度超过 40ppb 的小时数总和，该指标主要关注植物对 O_3 的敏感性。

美国南加州盆地，又名洛杉矶盆地，从 20 世纪 50 年代起，就以其含高浓度 O_3（ppm 级，远高于目前国内 O_3 重污染水平 100 ppb 级）的光化学烟雾为人们所知晓。该地区包含加州最大的城市地区，1500 万人口、工业密集、机动车众多，加上充足的光照和三面环山的不利地形条件，使南海岸盆地成为加州最严重的 O_3 污染区。1960 年以来，加州地区开展了系统深入的 O_3 形成机制研究，研发了 O_3 控制关键前体物的控制技术。研究发现，加州 O_3 污染位于 VOCs 控制区，而道路机动车是各种 O_3 前体物 VOCs、CO、NO_x 的主要排放来源。基于科学研究，南加州在政策方面采用首先大幅度削减 VOCs 排放，然后再逐渐削减 NO_x 排放的 O_3 污染控制方法。在实际削减过程中，由于 VOCs 浓度减少比 NO_x 更快（大约快 2 倍，大致削减比例为 3∶1），VOCs/NO_x 比值的不断减小，实现了环境 O_3 浓度持续下降。

数据显示，美国 O_3 浓度总体呈缓慢波动下降趋势。1980—2015 年，美国 O_3 浓度总体呈波浪式下降，36 年间美国 O_3 浓度下降了 35.6%。其中，1988 年达到峰值 225 μg/m^3（按照我国标准监测状态换算，下同），2013 年以后基本达到美国环境空气质量标准（150 μg/m^3）。

5.1.1.3 欧盟和美国 O_3 污染防治经验启示

从世界其他地区 O_3 防治经验来看，美国和欧盟取得了一定效果，总结欧盟和美国经验如下：

一是不断严格空气质量标准。美国 O_3 的监管政策以《清洁空气法》为主体，以国家层面的管理为主导，各州依据"州政府独立实施原则"，结合本州实际情况主动采取措施，防治空气污染。制定和执行标准方面，欧盟标准十分严格，并且各成员国在制定适应本国的标准时，标准大多比欧盟标准更加严格。

二是不断加强对空气质量的监测与信息公开。美国不断加强空气质量监测，能够更好地掌握污染的产生及污染状况，为进一步的治理和监管工作奠定基础，高度的信息公开一方面对公众起到一定的提醒作用，另一方面能够督促各地区加强对空气污染的治理力度；欧盟的多个组织机构共同监管空气污染问题并进行信息通告与报告，这种方式能够更加细致地监督和管理各成员国对标准的实施情况。

三是制定总量控制目标和区域减排战略。USEPA 于 2005 年发布了《清洁空气州际法规》（CAIR），希望通过对各州的 NO_x、VOCs 等前体物的综合控制，使 O_3 和 $PM_{2.5}$ 浓度未达标区的面积分别减少 95% 和 67%。欧盟于 20 世纪 70 年代基于区域酸沉降的科学事实，制定了远程大气污染跨界输送协议（CLRTP），建立了跨国界的政策平台，协议制定了减排总体目标及各国减排份额，开展了污染物减排的区域合作，并延续至今。

四是全方位采取措施减少机动车污染物排放。近年来，美国实施了新车、卡车和公共汽车排放标准、二阶段机动车排放标准和汽油硫计划，以及非道路柴油机械排放标准，要求进一步严格污染物排放和燃料中的含硫量。欧盟从 1992 年开始，陆续颁布并实施了欧洲第一阶段排放标准（Eur01）～欧洲第六阶段排放标准（Eur06），提高了对机动车排放要求。同时，颁布油气回收指令，控制 VOCs 排放；颁布燃料品质指令，不断降低燃料含硫量。

5.1.2　我国 VOCs 及 NOₓ 污染控制历程

5.1.2.1　VOCs 控制历程

近年来，我国不断加强完善对 VOCs 污染的管理控制，在健全法律法规体系、强化制度建设和严格标准控制等方面取得了阶段性成效。

2010 年环境保护部联合国家发展改革委等 9 部门印发了《关于推进大气污染联防联控工作改善区域空气质量的指导意见》，首次从国家层面提出了加强 VOCs 污染防治工作的要求，将 VOCs 与颗粒物等大气污染物共同列为重点污染物进行防控。

2012 年《重点区域大气污染防治"十二五"规划》（以下简称《规划》）进一步提出，大气污染防治工作存在对氮氧化物和挥发性有机物控制薄弱、底数不清、缺少挥发性有机物排放标准体系等问题。对此，《规划》提出重点做好严控挥发性有机物新增排放量，新建涉挥发性有机物项目实行污染物排放减量替代，提高挥发性有机物排放类项目建设要求，淘汰挥发性有机物排放类行业落后产能，完善挥发性有机物污染防治体系（开展摸底调查，完善重点行业挥发性有机物排放控制要求和政策体系，全面开展加油站、储油库和油罐车油气回收治理，大力削减石化行业挥发性有机物排放，积极推进有机化工等行业挥发性有机物控制，加强表面涂装工艺挥发性有机物排放控制，以及推进溶剂使用工艺挥发性有机物治理），以及完善挥发性有机物等排污收费政策等工作，确保实现二氧化硫、氮氧化物、颗粒物、挥发性有机物等多污染物的协同控制和均衡控制。

在行政法规层面，国务院在 2013 年 9 月出台了《大气污染防治行动计划》，提出在石化、有机化工、表面涂装、包装印刷等行业实施 VOCs 综合整治，完成油气回收治理，完善含 VOCs 产品的相关限值标准，并鼓励生产、销售和使用低挥发性有机溶剂。此外，《大气污染防治行动计划》还鼓励企业加强挥发性有机物控制的相关技术研发及改造。在行业准入方面，将 VOCs 是否符合总量控制要求作为建设项目环境影响评价审批的前置条件之一。同时，还提出将 VOCs 纳入排污费征收范围内。

2013 年环境保护部制定并实施《挥发性有机物（VOCs）污染防治技术政策》（以下简称《政策》），遵循源头和过程控制与末端治理相结合的综合防治原则，提出了包括工业源和生活源在内的，生产 VOCs 物料和含 VOCs 产品的生产、储存、运输、销售、使用、消费各环节的污染防治策略和方法。《政策》提出，通过积极开展 VOCs 摸底调查、制修订重点行业 VOCs 排放标准和管理制度等文件、加强 VOCs 监测和治理、推广使用环境标志产品等措施。2015 年修订的《中华人民共和国大气污染防治法》第四章新增涉 VOCs 污染控制条例四项，包括含挥发性有机物的原材料和产品、VOCs 有机废气治理、建立工业涂装台账以及泄漏管理等，体现了源头削减、过程控制和终端治理的全过程控制理念。此外，在 2015 年修订的《中华人民共和国大气污染防治法》中也大幅增加了惩罚力度，如涉及超标排放、不治理违规排放等规定不仅要罚款、停业整顿，严重者还要追究法人责任。

5.1.2.2　NO_x 控制历程

1995 年《中华人民共和国大气污染防治法》修订中，增加了企业应当逐步对燃煤产生的 NO_x 采取控制的措施的相关条款，首次将燃煤过程产生的 NO_x 控制纳入法律体系之中，2000 年《中华人民共和国大气污染防治法》修订中，进一步强化对机动车排放污染物的控制要求。2003 年出台的《排污费征收标准管理办法》明确 NO_x 属于排污费征收范围。随后几年，国家陆续制修订了《火电厂大气污染物排放标准》《锅炉大气污染物排放标准》以及机动车等行业标准，进一步加严了 NO_x 排放要求。

2011 年发布的《国家环境保护"十二五"规划》将氮氧化物和二氧化硫排放总量纳入约束性指标，并提出多项加大氮氧化物减排力度的措施。一是持续推进电力行业污染减排。新建燃煤机组要同步建设脱硫脱硝设施，未安装脱硫设施的现役燃煤机组要加快淘汰或建设脱硫设施，烟气脱硫设施要按照规定取消烟气旁路。加快燃煤机组低氮燃烧技术改造和烟气脱硝设施建设，单机容量 30 万 kW 以上（含）的燃煤机组要全部加装脱硝设施。加强对脱硫脱硝设施运行的监管，对不能稳定达标排放的，要限期进行改造。二是加快其他行业脱硫脱硝步伐。钢铁行业新建烧结机应配套建设脱硫脱硝设施。加强水泥、石油石化、煤化工等行业二氧化硫和氮氧化物治理。新型干法水泥窑要进行低氮燃烧技术改造，新建水泥生产线要安装效率不低于 60% 的脱硝设施。因地制宜开展燃煤锅炉烟气治理，新建燃煤锅炉要安装脱硫脱硝设施，东部地区的现有燃煤锅炉还应安装低氮燃烧装置。三是开展机动车船氮氧化物控制。实施机动车环境保护标志管理。加速淘汰老旧汽车、机车、船舶，到 2015 年，基本淘汰 2005 年以前注册运营的"黄标车"。提高机动车环境准入要求，加强生产一致性检查，禁止不符合排放标准的车辆生产、销售和注册登记。鼓励使用新能源车。全面实施国家第四阶段机动车排放标准，在有条件的地区实施更严格的排放标准。提升车用燃油品质，鼓励使用新型清洁燃料，在全国范围供应符合国家第四阶段标准的车用燃油。积极发展城市公共交通，探索调控特大型和大型城市机动车保有总量。

2012 年 10 月印发的《重点区域大气污染防治"十二五"规划》进一步细化了京津冀、长三角以及珠三角等地区的大气污染治理路线图，标志着大气污染防治工作逐步由污染物总量控制为目标向以改善环境质量为目标导向转变，由主要防治一次污染向既防治一次污染又注重二次污染防治转变。《重点区域大气污染防治"十二五"规划》中分别对固定源和移动源的氮氧化物控制提出了明确要求。固定源的氮氧化物防治主要针对火电行业和水泥行业，要求在相关行业加快低氮燃烧技术改造和脱硝设施建设、更新，同时要求积极开展燃煤工业锅炉、烧结机的烟气脱硝示范。针对移动源的氮氧化物污染控制，《重点区域大气污染防治"十二五"规划》从"车、油、路"三个方向提出了包括促进交通可持续发展、推动油品配套升级、加快新车排放标准实施进程、加强车辆环保管理、加快黄标车淘汰以及开展非道路移动源污染防治等措施。

2013 年 6 月 14 日，国务院召开常务会议，确定了大气污染防治的十条措施，包括减少污染物排放；严控高耗能、高污染行业新增产能；大力推行清洁生产；加快调整能源结构；强化节能环保指标约束；推行激励与约束并举的节能减排新机制，加大排污费征收力度，加大对大气污染防治的信贷支持等。《大气污染防治行动计划》针对氮氧化物也提出了具体的措施要求，包括：加快重点行业脱硫、脱硝、除尘改造工程建设。除循环流化床锅炉以外的燃煤机组均应安装脱硝设施，新型干法水泥窑要实施低氮燃烧技术改造并安装脱硝设施。京津冀、长三角、珠三角等区域要于 2015 年底前基本完成燃煤电厂、燃煤锅炉和工业窑炉的污染治理设施建设与改造。加强城市交通管理，强化移动源污染防治，提高公共交通出行比例。加强油品质量监督检查，严厉打击非法生产、销售不合格油品行为；采取划定禁行区域、经济补偿等方式，到 2017 年基本淘汰全国范围的黄标车。大力推广新能源汽车等。

5.2　我国 O₃ 污染防治难点与问题分析

由于 O₃ 生成机制的复杂性和前体物来源的多样性，使得 O₃ 污染防控比煤烟型污染治理更困难。[14] 我国大气 $PM_{2.5}$ 和 O₃ 浓度水平都很高，大气复合污染态势十分严峻，光化学烟雾成因更加复杂，治理工作的难度也更大。本节对我国当前 O₃ 污染防治的难点及问题进行了系统总结。

5.2.1　O₃ 浓度逐年升高，污染约束力度不足

首先，大气本底 O₃ 浓度逐年升高。长期来看，全球气候变暖背景下大气 O₃ 浓度逐渐抬升，欧洲、东亚、北美 1950—2010 年站点观测数据表明，北半球中纬度低对流层 O₃ 背景浓度增长趋势明显，平均每年升高 1%左右。近 20 年来，全球背景站瓦里关站 O₃ 平均浓度每年以约 $0.5\ \mu g/m^3$ 的速率升高；近 8 年来，华北区域背景站上甸子站 O₃ 日 8 h 均值最大值每年以 $2\ \mu g/m^3$ 的速率逐年升高。此外，根据中国科学院大气本底观测网近 5 年的观测数据，华北大气本底站兴隆站 O₃ 增长速率最快，平均每年增长 5.7%，约 $6\ \mu g/m^3$；西北地区大气本底站阜康站 O₃ 增长速率次之，平均每年增长 3.4%，约 $4\ \mu g/m^3$；华南地区大气本底站鼎湖山站 O₃ 平均每年增长 2.1%，约 $2\ \mu g/m^3$；而东北地区大气本底站长白山站和西南地区大气本底站贡嘎山站 O₃ 增长较为平缓，平均每年增长分别为 0.6%和 0.8%，约为 $0.3\ \mu g/m^3$ 和 $0.5\ \mu g/m^3$。

其次，气象条件诱发 O₃ 浓度上升。2013 年以来监测显示，O₃ 污染与气温呈显著正相关、与相对湿度均值呈负相关，在气温高于 30℃、相对湿度低于 80%的静小风天气下，区域光化学过程活跃，易发生大面积 O₃ 污染。2017 年 1—6 月，京津冀及周边地区气温同比

均增加 1～2℃；新疆焉耆站、内蒙古锡林浩特站和河南许昌站紫外辐射（UVB）观测数据也表明，2017 年上半年紫外辐射辐照度同比增加，增加幅度为 6.3%～48.7%。2017 年上半年降水量为 56 年来最少，尤其是 4 月以来，持续高温少雨，大气氧化性明显增强，各种气象因素均加快 O_3 生成。

再次，O_3 前体物浓度易波动。O_3 的前体物 VOCs 和 NO_x 也是形成 $PM_{2.5}$ 的重要来源，O_3 和二次生成的 $PM_{2.5}$ 实际上是高排放量导致大气氧化活性增强，在不同气象条件下的两种表现形式，但 O_3 的生成机理比 $PM_{2.5}$ 更复杂，可能在治理过程中出现浓度反弹。

最后，O_3 污染约束力度不足。国家"十三五"规划中将空气质量优良天数比例列为约束性指标，但对 O_3 浓度的考核与管理较为简单，无法体现 O_3 浓度波动性的特点，当前我国多数城市 O_3 浓度处于标准线附近，O_3 浓度的变化会影响优良天数的比例。

5.2.2　O_3 前体物 NO_x 减排压力大

首先，高空 NO_2 下降，地面 NO_2 并未随之同步下降。从污染源的角度来看，NO_x 总量减排明显，但从空气质量角度来看减排效果还有待科学评估。从我国卫星遥感 NO_2 柱浓度历年变化来看，高空 NO_2 浓度逐年降低，说明高架源的控制起到了效果。但是从近 5 年空气质量监测数据来看，2013 年之前 NO_2 浓度是呈上升趋势的，直至 2013 年后 NO_2 浓度才有所下降；对比 2011 年和 2015 年 74 城市 NO_2 浓度频数分布来看，整体上向高浓度方向移动。因此，虽然 2010 年之后采取了一系列减排措施，但高空 NO_2 下降，地面 NO_2 并未随之同步下降的现象说明地面 NO_x 的减排效果需要进行科学评估。

其次，减排驱动力不足。我国污染物减排工作的方式是由政府主导的，自上而下将减排目标和任务逐级分解落实，地方政府和企业是减排主体。但部分地方政府不能正确处理经济发展和减排的关系，片面追求经济增长，"两高"行业企业数量依然巨大，结构调整进展缓慢，而且部分省减排计划过于保守。

再次，减排配套政策不完善。"十二五"初期国家出台和实施了脱硝电价补贴、机动车"以旧换新"等多个减排配套政策，但是由于额度和覆盖面不足，不足以激发企业的积极性，并且诸多配套政策跟进滞后或处于空白，推进减排的长效激励机制尚不完善。

最后，治理设施运行效率低。我国 NO_x 减排的治污工程虽取得了初步进展，但运转和管理水平亟须提高。截至 2015 年，京津冀及周边地区脱硝机组平均脱硝效率为 55%，远未达到国家要求的 70%，部分脱硝设施未正常运行，没有发挥相应减排效果。

5.2.3　O_3 前体物 VOCs 治理难度大

我国人为源 VOCs 排放量巨大，2015 年达到 2500 万 t，约为美国的 2 倍、欧盟的 3 倍。由于来源广泛、多以无组织排放为主，治理难度大，我国 VOCs 控制工作尚在起步阶段，防治工作基础较薄弱。

首先，排放基数不清，管理缺乏科学依据。人为 VOCs 排放源复杂，涉及众多行业和领域，我国长期以来一直未将 VOCs 列为常规污染控制因子，也未纳入环境统计或污染源普查等官方统计数据中，缺乏排放量结果。专家学者对我国 VOCs 排放量的估算采用不同的方法，研究结果差异性较大，不能有力地为 VOCs 污染控制和管理提供科学依据。

其次，排放标准不完善，管理难以有效落实。《中华人民共和国大气污染防治法》虽有对有机烃类尾气、恶臭气体、有毒有害气体、油烟等方面的污染防治要求，但对 VOCs 没有明确的污染防治要求。我国涉及 VOCs 排放标准制定严重滞后，并且一些标准存在系统性不强、行业针对性差、控制不够全面等缺陷。典型行业 VOCs 污染防治技术政策等规范性技术指导文件严重缺失，企业缺少污染控制的技术依据。

再次，控制技术缺乏综合评估支持，影响污染治理进程和效果。目前，我国 VOCs 治理技术市场较为混乱，污染企业缺乏相关的治理技术信息，企业的治理技术参差不齐。VOCs 治理技术在实际应用中存在工艺水平低，难以实现达标排放，废气净化装置运行率低。我国 VOCs 控制方法缺乏技术、经济和可行性等因素的综合评估，不能对 VOCs 治理工作提供有效的技术支持和最佳的控制技术。

最后，监测标准体系不完善，难以对 VOCs 实施有效监管。我国现有的对有组织或无组织排放源的监测能力不能满足 VOCs 监管工作的基本需要。其中，机动车 VOCs 排放量占全国排放总量的 1/4 以上，机动车保有量每年增加 2000 万辆以上，2016 年全国机动车保有量为 2 亿辆，比 2011 年翻了一番，汽油消费量从 2011 年的 4000 万 t 增长到 2016 年的 1.2 亿 t，VOCs 排放量逐年上升。

5.2.4　NO_x 与 VOCs 排放量控制比例不清楚

O_3 浓度水平与其前体物浓度之间并不是线性相关的，且不同地区形成 O_3 的敏感性也不完全一致，在城市地区 O_3 的生成一般处在 VOCs 控制区，而在郊区或农村地区 O_3 的生成可能处在 NO_x 控制区。若某地区属于 NO_x 控制区，则该地区 NO_x 浓度的变化对 O_3 生成影响最大，降低 VOCs 排放量对 O_3 浓度的降低影响微乎其微；若该地区属于 VOCs 控制区，则 O_3 浓度控制应该以 VOCs 为主，可通过降低 VOCs 源的排放达到控制 O_3 污染的目的，此时，若简单地降低 NO_x 排放量却可能造成 O_3 浓度的明显升高。不同地区控制 NO_x 与 VOCs 排放量合适的比例关系需要通过长期有效的相关数据得出，否则，若在未明确排放量控制比例的情况下推进减排措施，则有可能出现一段时期内 O_3 浓度不降反升的情况。

5.2.5　$PM_{2.5}$ 与 O_3 协同控制措施缺失

当前，$PM_{2.5}$ 仍是影响我国大气环境空气质量的首要污染物之一，"十二五"期间，国家对二氧化硫和氮氧化物实行了约束性减排，2013 年颁布的《大气污染防治行动计划》，对大气 $PM_{2.5}$ 浓度提出了明确的降低目标。这些约束性目标的实施将有效控制煤烟型污染

和一定程度减缓 $PM_{2.5}$ 污染态势，但对 O_3 污染防治的成效仍值得商榷。近年来，O_3 污染正在逐渐显现，污染范围、程度虽然低于 $PM_{2.5}$ 污染，但 $PM_{2.5}$ 和 O_3 之间存在复杂的化学耦合关系，两者协同减排的技术路径、措施体系尚待深入研究。大气氧化性是导致我国大气复合污染的核心驱动力，O_3 污染防治是空气质量持续改善的关键，如果 O_3 污染不能得到有效控制，$PM_{2.5}$ 的治理工作就会事倍功半，或者在一定程度上加剧 $PM_{2.5}$ 污染。因此，需要树立以 O_3 和 $PM_{2.5}$ 为核心的多污染物非线性协同控制战略，制定国家、区域和城市等不同层面的大气 O_3 污染防治对策，在约束氮氧化物减排的基础上，强化对挥发性有机物的治理，实施区域甚至是跨区域的污染联防联控。

5.2.6　舆情关注点偏离

舆情关注偏离关键问题，片面地强调 O_3 污染可能导致人体健康危害，却忽略了 O_3 危害的程度应由其化学性质、污染浓度、人体暴露时间共同决定，从而误导公众对大气污染的认知。

5.3　O_3 与 $PM_{2.5}$ 协同控制情景方案设计及效果评估

根据当前我国大气污染控制政策及污染控制情况，本书设计了 3 个不同的控制情景，包括污染态势、极限情景及 $PM_{2.5}$ 达标情景，并使用空气质量模型对各个情景的控制效果进行评估。

5.3.1　协同控制情景方案

5.3.1.1　基准情景

根据《"十三五"生态环境保护规划》的要求，要全面深化京津冀及周边地区、长三角、珠三角等区域大气污染联防联控，建立常态化区域协作机制，区域内统一规划、统一标准、统一监测、统一防治。对重点行业、领域制定实施统一的环保标准、排污收费政策、能源消费政策，统一老旧车辆淘汰和在用车辆管理标准。重点区域严格控制煤炭消费总量，京津冀及山东、长三角、珠三角等区域，以及空气质量排名较差的前 10 位城市中受燃煤影响较大的城市要实现煤炭消费负增长。通过市场化方式促进老旧车辆、船舶加速淘汰，以及防污设施设备改造，强化新生产机动车、非道路移动机械环保达标监管。开展清洁柴油机行动，加强高排放工程机械、重型柴油车、农业机械等管理，重点区域开展柴油车注册登记环保查验，对货运车、客运车、公交车等开展入户环保检查。提高公共车辆中新能源汽车占比，具备条件的城市在 2017 年底前基本实现公交新能源化。落实珠三角、长三角、环渤海京津冀水域船舶排放控制区管理政策，靠港船舶优先使用岸电，建设船舶大气污染物排放遥感监测和油品质量监测网点，开展船舶排放控制区内船舶排放监测和联合监管，构建机动车船和油品环保达标监管体系。加快非道路移动源油品升级。强化城市道路、施工等扬尘监管和城市综合管理。2020 年重点省（区、市）O_3 前体物 NO_x、VOCs 减排目标见表 5-1。

表 5-1　2020 年重点省（区、市）O_3 前体物 NO_x、VOCs 减排目标

省（区、市）	NO_x 排放总量减少/%	VOCs 排放总量减少/%
北京	25	25
天津	25	20
河北	28	20
上海	20	20
江苏	20	20
浙江	17	20
广东	3	18

5.3.1.2　极限情景

除了与民生有关的项目，其他行业采取最严格的控制措施。京津冀地区工业源除热力电力行业和生产锅炉，其他行业采取搬迁或淘汰等措施，移动源采取单双号限行、提高油品标准等措施，NO_x 和 VOCs 排放量减少 50%，禁止散煤燃烧和生物质露天焚烧。长三角地区在 $PM_{2.5}$ 达标情景的基础上，进一步加大控制力度，其中电力行业维持在 $PM_{2.5}$ 达标的水平、其他工业企业采取搬迁或淘汰等措施、机动车采取单双号限行。珠三角地区机动车采用国 VI 车用油标准，农业源化肥利用率达到 40%，化肥/农药使用量实现零增长，农作物秸秆综合利用率达 85% 以上，养殖废弃物综合利用率 75%。计算得到最大可减排量。极限情景下 NO_x、VOCs 减排目标见表 5-2。

表 5-2　极限情景下 NO_x、VOCs 减排目标

地区	NO_x 排放总量减少/%	VOCs 排放总量减少/%
北京	46	66
天津	39	79
石家庄	47	70
唐山	67	83
保定	53	68
廊坊	49	63
沧州	50	73
衡水	49	77
邯郸	62	76
邢台	66	87
承德	66	78

地区	NO$_x$ 排放总量减少/%	VOCs 排放总量减少/%
秦皇岛	54	64
张家口	47	57
长三角地区	65	74
珠三角地区	36	51

5.3.1.3 PM$_{2.5}$达标情景

以 2015 年为基准年，京津冀、长三角地区 2030 年 PM$_{2.5}$ 达标；以 2014 年为基准年，在珠三角地区 2020 年 PM$_{2.5}$ 达标情景下，O$_3$ 前体物 NO$_x$、VOCs 减排目标如表 5-3 所示。

表 5-3 PM$_{2.5}$达标情景下 O$_3$ 前体物 NO$_x$、VOCs 减排目标

地区	NO$_x$ 排放总量减少/%	VOCs 排放总量减少/%
北京	26	65
天津	46	59
河北	41	68
长三角地区	65	48
珠三角地区	17	22

京津冀减排措施：燃烧源方面，到 2030 年京津冀煤炭消费总量控制在 15000 万 t，能源消费总量达到峰值，北京市、天津市、河北省天然气占一次能源消费比重分别提高到 60%、40%、20%，区域基本实现建成区绿色建筑全覆盖，区域内燃煤机组平均供电煤耗低于 250g/（kW·h），全区域淘汰 30 万 kW 以下非热电联产燃煤机组。工业源方面，京津冀三地钢铁产能控制在 2 亿 t，区域建材行业全面满足特别排放限值，玻璃行业达到国际先进水平，水泥装备技术水平大幅提升，水泥熟料综合能耗显著下降，陶瓷生产实现低碳化。建成区全部淘汰 35 蒸吨及以下燃煤锅炉，燃气锅炉氮氧化物排放控制在 30 mg/m^3。移动源方面，全面实现区域货运上轨，实施国家第六阶段重型汽车排放标准，非道路移动机械与道路机动车实现标准统一，进一步降低车用汽油硫含量、烯烃和芳香烃含量，使用硫含量小于 0.1%的低硫船用燃油。北京市、天津市绿色出行比例提高到 80%，河北省达到 60%。面源方面，秸秆综合利用率达到 95%以上，民用散烧洁净煤使用率达到 100%。

长三角减排措施：能源方面，2030 年能源消费总量不超过 6.85 亿 t 标准煤，煤炭总量不超过 4.2 亿 t，实施燃油燃气锅炉氮氧化物超低排放限值。工业源方面，电力实施超低排放改造，执行更严格的行业标准，全面达到燃气轮机排放水平，燃煤电厂稳定达标排放，部分锅炉采用天然气替代。钢铁压减 50%产能，脱硝效率达到 70%，达到国际先进节能减排技术水平。石化行业全面开展泄漏检测与修复（LDAR），强化排放监管，全面达标排放。水泥行业产能压减 30%以上，脱硝效率提高到 85%以上。化工行业压减产能 50%，提升化工行业排放标准。高污染的铜锌冶炼全行业退出。移动源方面，实施轻型车和重型车国 VI

排放标准，提升油品质量，推广新能源车。生活面源方面，完成餐饮源污染治理，水性涂料覆盖率达到 50%，全面推广使用低挥发性有机物含量日用消费品。

珠三角减排措施：能源方面，到 2020 年全省能源消费总量控制在 3.38 亿 t 标准煤以内，煤炭消费总量控制在 1.75 亿 t 以内，天然气供应能力达到 600 亿 m^3/a。工业源方面，完成全部"散乱污"、违法违规、治理难以升级的重污染企业淘汰退出任务，推动污染物超标企业和不能稳定达标企业的环保搬迁。对固定污染源实施全过程和多污染物协同控制，30 万 kW 及以上公用燃煤机组和 10 万 kW 及以上自备燃煤机组实施超低排放改造。集中供热量占供热总规模的 70%，重点行业实施提标改造，推进陶瓷、玻璃行业实施清洁能源替代。加快绿色溶剂替代芳香烃和有害有机溶剂，全面完成省市重点企业挥发性有机物污染"一企一策"综合整治工作。移动源方面，控制机动车总量过快增长，新能源汽车应用超过 20 万辆，新能源公交车保有量占全部公交车比例超过 75%，逐步淘汰老旧柴油车，逐步淘汰高排放非道路移动机械。面源方面，禁止露天焚烧，推广精准施肥技术，测土配方施肥技术推广覆盖率达 90% 以上，化肥利用率提高到 40% 以上。

5.3.2　控制情景效果评估

5.3.2.1　基准情景效果评估

采用中尺度空气质量模式 WRF-CMAQ 对基准情景减排方案 O₃ 改善效果进行数值模拟。结果表明，2020 年京津冀、长三角、珠三角 O₃ 浓度均有不同程度下降，分别下降 10.2 $\mu g/m^3$、14.5 $\mu g/m^3$ 和 3.5 $\mu g/m^3$，下降比例分别为 3.9%、5.7% 和 2.8%，长三角地区 O₃ 浓度下降幅度最大（表 5-4）。

表 5-4　O₃ 浓度改善情况

地区	O₃ 浓度/（$\mu g/m^3$）	O₃ 下降浓度/（$\mu g/m^3$）	O₃ 浓度下降比例/%
京津冀	262.5	10.2	3.9
长三角	253.6	14.5	5.7
珠三角	123.3	3.5	2.8

注：表中 O₃ 浓度指 2016 年 7 月 O₃ 浓度日最大 8 h 均值。

5.3.2.2　极限情景效果评估

采用中尺度空气质量模式 WRF-CMAQ 对极限情景减排方案 O₃ 改善效果进行数值模拟，结果如表 5-5 所示。从结果可以看到，京津冀地区 O₃ 改善效果最明显，下降 22.1 $\mu g/m^3$，下降比例达 8.4%，但长三角、珠三角 O₃ 改善效果并不明显，浓度分别下降 5.1 $\mu g/m^3$ 和 5.3 $\mu g/m^3$，下降比例分别为 2.0% 和 4.3%。

表 5-5　O₃ 浓度改善情况

地区	O₃ 浓度/（μg/m³）	O₃ 下降浓度/（μg/m³）	O₃ 下降比例/%
京津冀	262.5	22.1	8.4
长三角	253.6	5.1	2.0
珠三角	123.3	5.3	4.3

注：表中 O₃ 浓度指 2016 年 7 月 O₃ 浓度日最大 8 h 均值。

5.3.2.3　达标情景效果评估

采用中尺度空气质量模式 WRF-CMAQ 对 PM₂.₅ 达标情景减排方案 O₃ 改善效果进行数值模拟，结果见表 5-6。从结果可以看到，京津冀地区 O₃ 改善效果较明显，下降 17.3 μg/m³，下降比例达 6.6%；长三角、珠三角 O₃ 改善效果并不明显，浓度分别下降 4.8 μg/m³ 和 3.0 μg/m³，下降比例分别为 1.9% 和 2.4%。

表 5-6　O₃ 浓度改善情况

地区	O₃ 浓度/（μg/m³）	O₃ 下降浓度/（μg/m³）	O₃ 浓度下降比例/%
京津冀	262.5	17.3	6.6
长三角	253.6	4.8	1.9
珠三角	123.3	3.0	2.4

注：表中 O₃ 浓度指 2016 年 7 月 O₃ 浓度日最大 8 h 均值。

第6章

我国大气 O_3 污染控制对策建议

基于本书前面章节的研究内容和国内外相关领域发展动态，对我国大气 O_3 污染防治思路与对策提出以下几点建议。

6.1 加快能力建设，完善管理体系

（1）以 VOCs 监测为重点完善光化学监测网

加快国家光化学监测网建设。在清洁区域及远离城市和污染源的地区，深入开展 O_3 及其前体物全球背景值和区域背景值观测研究，以期获得反映区域 O_3 生成机制与成因的科学判断。在城市和背景站开展大气光化学关键因素，包括甲醛、过氧化氢、气态硝酸、NO_y、自由基、UV 辐射以及 O_3 及其前体物的垂直分布等观测，判断 O_3 成因与特征，为 O_3 污染精准治理提供基础数据和科学评估。此外，建议制定光化学氧化剂、中间产物、衍生物及光化学反应重要前体物观测统一的技术规范。

（2）建立 O_3 污染预报预警平台及应急预案

在现有各级空气质量预报平台基础上加强 O_3 污染预报预警能力，建立国家层面、区域层面、城市层面的 O_3 协同预报预警体系，编制 O_3 污染应急响应预案。主要包括：完善建立并更新 VOCs 排放清单，针对不同气相化学反应机理的排放前处理系统，开展模式验证和改进，不断提高预报和源解析能力，制定不同污染程度下的应急减排措施，减少对公众身体健康和生态环境的威胁与不良影响。

（3）改进 O_3 监测评价标准和方法

全面梳理总结国内外在大气 O_3 基准及 O_3 污染人体健康影响方面的研究进展，筛选能够为大气 O_3 的空气质量分指数（IAQI）分级对应浓度值的优化提供科技支撑的研究成果。

借鉴国际经验，完善我国 O_3 监测评价的标准，深入研究符合我国国情的 O_3 允许超标天数和允许宽容比例，改进目前我国 O_3 污染评价方法；重视 O_3 污染对生态环境影响研究成果总结，O_3 污染评价指标中增加对生态影响的考虑。

6.2　加强成果转化，提高控制精准性

（1）开展 O_3 成因与来源解析，明确控制重点

加大科研成果总结凝练与转化应用力度。建立空气质量法规模式，规范 O_3 解析的清单质量、排放数据前处理方法、气象场模拟、模式评估、物理化学算法等方面的工作。加大技术培训并指导部分城市开展大气 O_3 来源解析工作，准确定量城市-区域-全国等不同空间尺度上的 O_3 来源，制定合理有效的 NO_x 和 VOCs 减排策略，明确控制重点，不断提高 O_3 污染防治的科学性和精准性。

（2）持续改进和更新精细化 VOCs 和 NO_x 排放清单

通过实测得到各类污染源排放因子，认真调查核实活动水平数据，不断修订 VOCs 等不同污染物源排放清单编制技术指南，准确识别、合理估算不同类型大气污染源的大气污染物排放量，建立覆盖面广、物种齐全、精确度高的国家大气污染源排放清单。VOCs 排放清单还应包括对 O_3 贡献较大的所有重要物种的排放量，NO_x 排放清单还应包括 NO 和 NO_2 的排放量或排放比例。此外，在机动车方面，建立各类车型 VOCs 排放成分谱库，开展我国各类车型 VOCs 物种的 O_3 生成潜势评估研究。

6.3　强化区域联防联控，实现多目标协同控制

（1）科学划定联防联控区域，分区制定前体物减排方案

推进编制出台 O_3 污染防治控制区分区相关技术指南，科学指导我国 O_3 污染的主要联防联控区域。结合我国目前 O_3 污染特征，建议划分京津冀及周边地区、长三角地区、珠三角地区的 O_3 污染防治联防联控区域。具体为：京津冀及周边地区的 O_3 防治区域应包括北京市、天津市、河北省、山东省、河南省，可扩展至山西省和内蒙古自治区；长三角地区的 O_3 防治区域应包括上海市、江苏省、浙江省、安徽省和山东省；珠三角地区的 O_3 防治区应以广东省 9 个地级市为核心，可扩展至广东省其他地区及广西壮族自治区、湖南省和江西省。针对各个区域的 O_3 污染现状、分布特征、产业与能源结构，制定各个区域不同的阶段目标和长期控制战略，形成 O_3 前体物减排方案。

（2）编制 O_3 污染防治方案制定技术指南

在 O_3 污染来源解析结果的基础上，各个城市因地制宜编制 O_3 污染防治方案。为确保城市 O_3 污染防治方案的科学性、针对性和有效性，应加快编制出台 O_3 污染防治方案制定

等相关技术指南。明确要求 O_3 污染防治方案应注重基于科技支撑、$PM_{2.5}$ 与 O_3 控制并重、中长期战略与阶段性目标相结合、NO_x 与 VOCs 协同减排及区域联防联控等原则，具体包括 O_3 污染控制状况评估、趋势分析和控制区划分，NO_x、VOCs 源排放清单与源谱的建立，O_3 成因与来源解析科学研究，大气 O_3 污染防治的技术途径，O_3 控制措施效果评估，以及保障措施等内容。

（3）制定多措并举的 $PM_{2.5}$ 和 O_3 关键前体物治理方案

在明确 O_3 生成的主控因子后，应尽量实施 NO_x 与 VOCs 的协同减排，提升减排效率。结合目前研究成果，可考虑如下策略：配合 $PM_{2.5}$ 的防控，应持续加大 NO_x 减排力度，包括建立科学的 NO_x 减排评估方法，评估 NO_x 污染源排放清单，尤其是移动源排放清单，分析各类排放源变化趋势等；在控制 NO_x 的同时，也应全面启动 VOCs 的约束减排，强化重点行业重点物种的排放控制，如芳香烃、烯烃、炔烃、烷烃、醛类、酮类等对 O_3 生成贡献大的 VOCs 物种等。

（4）$PM_{2.5}$ 和 O_3 协同治理的科学决策和智慧监管技术

针对 $PM_{2.5}$ 和 O_3 协同约束的决策机制和监管体系中科技支撑不足问题，开展 $PM_{2.5}$ 和 O_3 协同约束的空气质量改善路线研究；构建基于非现场执法与现场执法技术相结合，大数据与人工智能相融合的智慧监管与执法体系；建立污染源快速、精准、高效监管平台；深化 $PM_{2.5}$ 和 O_3 协同治理的政策和管理机制创新，提升 $PM_{2.5}$ 和 O_3 复合污染协同治理的精准化、科学化、系统化与信息化水平。

6.4　深化科学研究，提升 O_3 污染防治科学性

（1）深入研究 O_3 形成的化学机理和气象影响

强化 O_3 的二次形成过程与机理研究，开展我国重点城市群气象过程和化学过程多参数同步长期观测，系统探究 O_3 的时空分布情况、主控因子、影响因素，准确定量不同空间尺度上的 O_3 形成机制，确定关键 VOCs 活性物种、NO_x 和 VOCs 的源清单等。同时，加强气候、气象对 O_3 生成影响研究，包括大气边界层、下垫面影响产生的小尺度环流、地形障碍、不同季节 O_3 的输送及昼夜边界层变化等导致不同区域、城市 O_3 浓度的差异。

（2）厘清 $PM_{2.5}$ 和 O_3 复合污染的成因与来源

优化光化学监测网和"空天地"综合观测系统，科学表征我国 $PM_{2.5}$ 和 O_3 复合污染机理的关键参数；开展动态化大气污染源排放清单和 VOCs 化学成分谱研究，弄清人为源和天然源的贡献；完善大气复合污染的物理和化学机制，建立具有完全自主知识产权的空气质量模式，提升污染预测预报和溯源的精准性；定量解析污染排放、气候气象、化学转化和区域传输对 O_3 污染的贡献。

（3）开展 O_3 生态环境与人体健康的影响研究

加强 O_3 对人体健康和生态环境影响的研究工作，包括相关基准、评估方法、模拟技术、实验模拟等方面的研究；深入研究 O_3 对作物等生态系统的影响研究，开展 O_3 污染与人体健康的定性定量关系研究，准确把握我国 O_3 污染水平与其造成生态系统和人体健康风险之间的关系，为科学制定 O_3 空气质量基准提供科学依据。开展不同季节 $PM_{2.5}$ 和 O_3 复合污染的健康影响研究，评估大气复合污染对敏感人群造成的急性健康风险，开展对比研究分析 O_3 对人体健康的室内外影响差异，科学指导公众健康防护。

（4）发展适于我国的空气质量模式和来源解析方法

开展观测和模式验证改进研究，完善空气质量模式输入参数的本地化，建立可信的源—受体关系，建立模式不确定性分析方法；开展 O_3 生成敏感性分析技术和来源解析技术研究，识别区域和城市 NO_x 和 VOCs 的来源，支撑城市 O_3 污染防治目标和区域联防联控战略的制定。

参考文献

[1] 唐孝炎，张远航，邵敏. 大气环境化学[M]. 北京：高等教育出版社，2006.

[2] Xu W，Lin W，Xu X，et al. Long-term trends of surface ozone and its influencing factors at the Mt. Waliguan GAW station，China – Part 1：Overall trends and characteristics[J]. Atmospheric Chemistry and Physics，2016，16：6191-6205.

[3] Xu W，Xu X，Lin M，et al. Long-term trends of surface ozone and its influencing factors at the Mt. Waliguan GAW station，China-Part 2：The roles of anthropogenic emissions and climate variability[J]. Atmospheric Chemistry and Physics，2018，18：773-798.

[4] Ma Z，Xu J，Quan W，et al. Significant increase of surface ozone at a rural site，north of eastern China[J]. Atmospheric Chemistry and Physics，2016，16（6）：3969-3977.

[5] Xu X，Lin W，Wang T，et al. Long-term trend of surface ozone at a regional background station in eastern China 1991-2006：Enhanced variability[J]. Atmospheric Chemistry and Physics，2008，8（1）：2595-2607.

[6] Silliman S. The relation between ozone，NO_x and hydrocarbons in urban and polluted rural environments[J]. Atmospheric Environment，1999，33（12）：1821-1845.

[7] Carter W P L. Development of ozone reactivity scales for volatile organic compounds[J]. Air and Waste，1994，44（7）：881-899.

[8] USEPA. PMF 5.0 user guide[EB/OL]. https://www.epa.gov/air-research/epa-positive-matrix-factorization-50-fundamentals-and-user-guide，2021-03-10.

[9] Xu J，Zhang Y H，Zheng S Q. Aerosol effects on ozone concentrations in Beijing：A model sensitivity study[J]. Journal of Environmental Sciences，2012，24（4）：645-656.

[10] Liu J F，Li J L，Bai Y H，Acomparison of atmospheric photochemical mechanism(I) O_3 and NO_x[J]. Environmental Chemistry，2001，20（4）：305-312.

[11] Lu K D，Zhang Y H，Su H，et al. Oxidant(O_3+NO_2) production processes and formation regimes in

Beijing[J]. Journal of Geophysical Research Atmospheres，2010，115：29-32.

[12] 柴发合，王晓，罗宏，等. 美国与欧盟关于 $PM_{2.5}$ 和 O_3 浓度的监管政策述评[J]. 环境工程技术学报，2013，3（1）：46-52.

[13] 李媛媛，黄新皓. 美国 O_3 浓度污染控制经验及其对中国的启示[J]. 世界环境，2018（1）：24-27.

[14] 王文兴，柴发合，任阵海，等. 新中国成立 70 年来我国大气污染防治历程、成就与经验[J]. 环境科学研究，2019，32（10）：1621-1635.